U0296549

无人集群系统自组织与鲁棒编队

蔡 鹤 高焕丽 李 玮 著

科学出版社

北 京

内 容 简 介

本书结合无人集群系统自组织编队策略和鲁棒控制策略，全面探讨了多种先进编队控制策略在无人集群系统中的理论依据和应用效果，包括平面线形编队控制、空间线形编队控制、平面楔形编队控制、空间楔形编队控制、相对位置编队控制、最小通信编队控制和信噪分离编队控制。旨在为各种复杂作业场景下的无人集群系统编队控制提供技术支撑。

本书可供自动化、智能无人系统技术等相关专业的师生及科研人员阅读和参考。

图书在版编目 (CIP) 数据

无人集群系统自组织与鲁棒编队 / 蔡鹤, 高焕丽, 李玮著. -- 北京：科学出版社，2024. 11. -- ISBN 978-7-03-080025-1

Ⅰ. V279; TP273

中国国家版本馆 CIP 数据核字第 2024RZ9481 号

责任编辑：郭勇斌 冷 玥 / 责任校对：张亚丹
责任印制：徐晓晨 / 封面设计：义和文创

科 学 出 版 社 出版

北京东黄城根北街 16 号
邮政编码：100717
http://www.sciencep.com

北京天宇星印刷厂印刷

科学出版社发行 各地新华书店经销
*

2024 年 11 月第 一 版 开本：720×1000 1/16
2024 年 11 月第一次印刷 印张：10 1/4 插页：6
字数：200 000

定价：89.00 元
(如有印装质量问题，我社负责调换)

前　言

随着人工智能、自动控制、通信网络，以及先进传感器技术的发展，无人集群系统编队控制作为多智能体系统协同控制的一个重要应用分支正在逐渐从理论走进现实。《无人集群系统自组织与鲁棒编队》从两个方面阐述关于无人集群系统编队控制研究的最新进展：一是基于动态领随链路的自组织编队，二是基于协作输出调节的分布式鲁棒编队。

在众多无人集群系统编队控制的理论框架中，领随控制框架具有较长的发展历史与丰富的技术积淀。它通过定义领随对将编队问题转化为跟随者对领导者的位姿跟踪问题，从而将多智能体的协同问题巧妙地转化为单一系统的控制问题，极大地丰富了编队问题的控制手段。然而在现有的领随控制框架中，控制算法通常依赖固定的领随链路，固定领随链路存在以下不足：一是当集群规模较大时，由于固定领随链路的链路设定方式与智能体的初始位置无关，因此集群系统执行编队任务的平均响应速度较慢；二是当某个或某些智能体出现故障后，其余智能体无法自动更新领随链路，从而导致编队中断。为了解决上述问题，本书的第一部分讨论了基于动态领随链路的无人集群系统编队控制算法，并应用于平面、空间中的线形、楔形编队控制，为无人集群系统自组织编队控制提供了新思路。

面向多智能体系统的协作输出调节是面向传统单一系统的输出调节理论的拓展，基于分布式观测器技术，它能够将系统动态、通信网络、控制目标三者解耦，从而高效地解决领随多智能体系统的协同控制问题。基于协作输出调节的无人集群系统编队控制已经取得了长足的发展，本书进一步从以下三个方面介绍最新的研究成果：一是全局定位拒止条件下如何利用智能体间的相对位置完成编队；二是如何降低通信量，利用最小参考信息完成编队；三是如何设计分布式滤波观测器，实现受扰信号在终端的信噪分离。这些问题均来自无人集群系统编队控制的典型应用场景，具有实际的应用价值。

本书的主要架构如下。第 1 章总结了无人集群系统编队控制的概念、分类与特性，并简要介绍了用于后续章节的基础知识与实验环境。第一部分包含第 2—5 章，分别介绍了面向平面、空间场景的线形、楔形编队控制算法及相关的动态领随链路生成方法。第二部分包含第 6—8 章，分别介绍了基于相对位置、最小通信，以及能够实现信噪分离的分布式鲁棒编队控制算法。

　　本书在写作过程中参考了国内外大量相关的论文、论著等资料，在此对这些文献的作者表示诚挚的谢意。另外，感谢作者的研究生张家瑜、陈泽亮、黄培渠为本书的仿真与实验部分付出的辛勤劳动。

　　感谢国家自然科学基金 62173149、62276104、U22A2062，广东省自然科学基金 2021A1515012584、2022A1515011262，以及中央高校基金对本书的资助。

　　由于作者水平有限，书中难免存在不妥之处，敬请各位专家、读者批评指正。

作　者

2024 年 10 月

符 号 表

$\mathbb{R}$	实数域
$\mathbb{C}$	复数域
I_N	N 维单位矩阵
1_N	元素均为 1 的 N 维列向量
$\underline{x},\ x \in \mathbb{N}$	$\{y|y \in \mathbb{N}, y \leqslant x\}$
$\Re(x),\ x \in \mathbb{C}$	x 的实部
$\mathbf{o}(x),\ x \in \mathbb{R}^n,\ x \neq 0$	$x/\|x\|$，非零向量 x 的方向向量
$\langle x, y \rangle,\ x, y \in \mathbb{R}^n$	向量 x, y 的内积
$A \otimes B,\ A \in \mathbb{R}^{m \times n},\ B \in \mathbb{R}^{p \times q}$	矩阵 A, B 的克罗内克积
$\mathrm{col}(x_1, \ldots, x_N),\ x_i \in \mathbb{R}^{m_i}$	$[x_1^T, \ldots, x_N^T]^T$
$\sigma(A),\ A \in \mathbb{R}^{n \times n}$	矩阵 A 所有特征值的集合
$\bar{\delta}(A),\ A \in \mathbb{R}^{n \times n}$	矩阵 A 所有特征值的实部的最大值
$\underline{\delta}(A),\ A \in \mathbb{R}^{n \times n}$	矩阵 A 所有特征值的实部的最小值
$\mathcal{D}(Y_1, \ldots, Y_N),\ Y_i \in \mathbb{R}^{n_i \times m_i}$	block diag$\{Y_1, \ldots, Y_N\}$
$\mathrm{vec}(A),\ A \in \mathbb{R}^{m \times n}$	$\mathrm{col}(A_1, \ldots, A_n)$，$A_i$ 为矩阵 A 的第 i 列
$\Psi_A^c(\lambda),\ A \in \mathbb{R}^{n \times n}$	矩阵 A 的特征多项式
$\Psi_A^m(\lambda),\ A \in \mathbb{R}^{n \times n}$	矩阵 A 的最小多项式
$\mathbf{R}(\theta),\ \theta \in \mathbb{R}$	$\begin{bmatrix} \cos(\theta) & -\sin(\theta) \\ \sin(\theta) & \cos(\theta) \end{bmatrix}$
$\mathbf{C}(A)$，A 为有限集合	集合 A 中元素的个数

目　　录

第一部分　基于动态领随链路的自组织编队

第 1 章 绪　　论

1.1　无人集群系统编队控制概述

在自然界中，一些社会性生物能够展现出复杂的集群现象，如蚁群的协同搜索与搬运[1,2]、鸟群的编队飞行与迁徙[3,4]、鱼群的多态聚集与避敌[5,6]等。这些集群行为给组成集群的生物个体带来了诸多好处，如增加觅食机会、降低被捕食风险，以及减少运动所消耗的能量等[7,8]。自然界中的生物集群行为展示了物竞天择的群体智慧，为研究多智能体系统（multi-agent system）的相关理论提供了重要启发。

作为多智能体系统的重要组成，越来越多的研究者将目光投向无人集群系统，并发展出门类多样的集群控制算法[9,10]。无人集群系统通常由大量协作的无人设备（也称为智能体）组成，通过智能体之间的局部信息交互实现复杂的全局目标，能够在缺乏集中控制的条件下实现高效协作，呈现出分布式特性与自组织特征。编队控制是无人集群系统协同控制的重要方向之一，其目的为设计控制算法，使智能体在空间上形成预设的集群构型并按照期望的方式移动。无人集群系统编队控制在航空、航天、航海、侦察、搜索、测绘等领域具有广泛的应用，如协同押运[11-13]、区域勘探[14-16]、协作围捕[17-19]等。

1.1.1　编队控制分类

在控制算法架构上，编队控制主要分为以下四种类型[20-22]：行为法（behavior-based method）、领随法（leader-following method）、人工势场法（artificial potential field method），以及虚拟结构法（virtual structure method）。接下来将对这些方法进行逐一简要介绍。

1. 行为法

如图 1.1 所示，在行为法编队控制策略中，基本的任务模块被定义为运动模式，包括目标搜索、障碍躲避、队形生成以及队形保持等功能，而控制策略的输出则取决于不同运动模式的加权平均[23]。在 1987 年，Reynolds[24] 首次提出了行为法，用于模拟鸟群的复杂运动。他将鸟群视为一个粒子系统，定义并组合了三个局部行为，使得每只鸟根据周边局部的动态环境生成其运动控制信号，从而实现集群聚集效果。之后，Balch 和 Arkin[25] 率先在地面上实现了行为法编队控制策略，将编队行为与其他导航行为相结合，实现了多个移动机器人在目标导航、危险躲避和编队保持等任务中的应用。这一研究表明了行为法编队控制策略在自主控制、人类主导控制以及通信受限的应用环境中的重要价值，展示了其在不同类型任务环境中的适用性。文献 [26] 进一步发展了行为法编队控制策略，提出了一种将复杂机动分解为编队模式序列的方法。这一方法引入了三种编队控制策略，分别侧重于相对位置信息、通过被动技术引入的机器人间的阻尼以及考虑执行器饱和情况，通过硬件实验验证了这些控制策略的有效性。不仅如此，行为法编队控制策略不仅适用于地面机器人群，对于空中无人机编队同样可行。例如，Arnold等人[27] 探讨了如何利用基于行为的协作智能来指导无人机在灾难搜救中的应用，设计的反应行为集成了防撞、电池充电、编队控制、高度保持和各种搜索方法，最终由呈现和评估的新反应行为集控制无人机群。文献 [28] 提出了一种基于分类的大规模机器人编队搜索方法。该方法有效降低了计算复杂性并加快了初始编队过程，同时解决了初始编队和避开障碍物编队的控制问题。此外，一些学者将行为法编队控制策略与路径规划相结合，为无人集群系统的可靠编队提供了新的解决思路。常路等人[29] 利用动态窗口法构建了无人集群系统的规划路径，并提出了

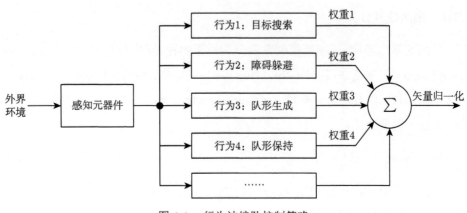

图 1.1　行为法编队控制策略

一种领随法与行为法相结合的多机器人编队控制算法。该算法为领导者和跟随者设计了导航、选择和等待行为，从而解决了无人集群系统在未知环境下的编队行进问题。针对分布式自组织网络中固定翼无人机的编队控制问题，Suo 等人[30] 提出了一种基于路径规划的编队切换及避障方法，将无人机群划分为小组形式，以适应不同队形和避障需求，增强了无人机群在整个编队行进过程中的鲁棒性。近期，受自然界动物种群行为的启发，Wang 等人[31] 基于莱维飞行和人工势场，提出了一种不依赖复杂感知或庞大计算量的基于行为的集群策略以解决环境探索问题，模拟了自然生物对变化环境的适应能力。

2. 领随法

如图 1.2 所示，在领随法编队控制策略中，无人集群系统中的每两个智能体组成一个领随对。所有这些领随对通过首尾相连形成完整的领随链路。通过控制每个领随对中两个智能体的相对位置和相对姿态，能够实现整个无人集群系统编队控制。此策略将无人集群系统的队形控制问题转化为跟随者与领导者的相对位姿控制问题，便于使用经典控制理论进行系统分析和稳定性证明[32]。文献 [33–35] 详细研究了领随法编队控制策略的稳定性，并引入了领导者到跟随者稳定性的概

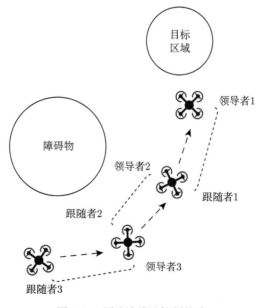

图 1.2 领随法编队控制策略

念。通过非线性增益估计量化领导者行为的影响,证明了基于领随法的移动机器人控制算法的稳定性。然而,大多数领随法编队控制策略均假设可以直接获得全局或局部的精确位置信息,这在实际应用中并不总是可行的。为解决这一问题,文献 [36] 开发了一套用于非完整移动机器人的编队跟踪控制方案,该方案消除了可获取个体绝对位置的假设,并通过李雅普诺夫稳定性分析验证了"观测器 + 控制器"闭环系统的稳定性。这一研究拓宽了领随法在实际应用中的适用范围。此外,文献 [37] 利用图论解决了一组非完整移动机器人的编队控制问题,设计了包含领导者、相对位置和控制图的三元组,实现了队形的任意切换。该研究展示了图论在编队控制中的应用潜力和灵活性。为了进一步提高编队算法的快速性和适用性,学者们还将其他控制策略与领随法相结合。例如,文献 [38] 将滚动优化控制应用于领随法编队控制策略中,以增强系统的实时响应能力。文献 [39–41] 则将模糊控制方法与领随法编队控制策略相结合,以应对复杂动态环境下的编队控制挑战。

3. 人工势场法

如图 1.3 所示,人工势场法编队控制策略是一种模拟自然界中势场(如重力场、电磁场)的方法,用于指导和控制个体的移动等行为[42]。人工势场法首先由 Khatib[43] 于 1986 年提出。通过构建人工势场,该方法成功应用于 PUMA560 机械臂和移动机器人的实时避障控制。人工势场法也因其简单、直观和计算量小等优点,迅速在多机器人系统中得到了广泛应用和发展。然而,由于在局部区域内可能存在势场抵消的情况,理论上基于人工势场的控制策略不可避免地会遇到局部最优问题。具体而言,当个体在某环境中所受势场产生的合力为零或总势最小时,个体可能在没有完成预定任务的情况下保持静止。为了克服这一问题,Ge 和 Cui[44] 探讨了当目标附近有静态障碍物时机器人无法到达的问题,提出了一种新的排斥势函数,针对机器人与目标的相对距离进行设计。该方法保证了目标位置是总势的全局最小值,从而有效解决了局部最优问题。此外,Ge 和 Cui[45] 进一步研究了动态环境下移动机器人的运动规划,通过设计新的势函数和虚力,并增加一个决策移动系统,成功解决了人工势场法在动态环境下的局部最优问题。在后续研究中,Tong 等人[46] 结合了传统人工势场算法的局部极小性和路径规划的低效率性,提出了一种基于 A* 和多目标改进的人工势场编队控制算法。该策略通过将 A* 规划的全局最优路径划分为多个虚拟子目标点,并利用目标点切换来完成局部编队路径规划。同时，采用双优先级判断控制策略，决定每个机器人的运动顺序，从而有效避免了机器人之间的碰撞问题。进一步地，Pan 等人[47] 考虑了在三维约束空间中多架无人机的编队控制问题。通过引入旋转势场，成功克服了局部最小值和振荡问题，提出了一种基于人工势函数的多无人机路径规划方法，并利用设计好的李雅普诺夫函数，证明了闭环系统的稳定性。

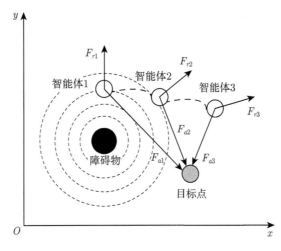

图 1.3　人工势场法编队控制策略

4. 虚拟结构法

如图 1.4 所示，在虚拟结构法编队控制策略中，系统为每个智能体预先定义了相对位置和姿态，以构建整体的虚拟结构。此虚拟结构确保当整个系统保持某种队形移动时，各智能体能够准确跟随其指定的虚拟位置点移动，从而实现整个集群系统的协同和有序编队。在已有研究中，Dong 及其团队针对多智能体系统的时变编队控制问题构建了一套系统化的控制框架。文献 [48] 基于虚拟结构定义了随时间变化的编队协议，并结合一致性算法，明确了实现时变编队的充要条件及中心函数表达式。考虑到不稳定的通信条件，Dong 等人在后续研究中进一步探讨了在切换拓扑下多智能体系统时变编队的条件，扩展了可行编队集[49]。此外，针对含多虚拟领导者的系统，Dong 等人通过设计分布式观测器以估计领导者信息，确立了时变编队跟踪的充要条件，为设计多领导者下的多智能体系统编队控制方案提供了思路[50]。在这些文献中，多智能体系统的信息在通信网络中流动，且每个个体只能与网络拓扑中相邻的个体通信。这种通信约束下的控制方法称为分布式控制。作为分布式控制系统的核心，一致性算法的研究至关重要。Ren 等人以多车辆协同控制为应用背景，总结了在静态和动态通信拓扑下寻求一致性的理论结果[51]。基于动态变化的交互拓扑，Ren 和 Beard 还考虑了在有限且不可靠的信息交换的情况下多智能体系统的信息一致性问题，并提出了离散和连续的算法协议[52]。Olfati-Saber 在其研究中概述了网络中信息一致性的基本概念以及算法的收敛和性能分析方法，针对由于链路节点故障、时间延迟和性能维护而导致的网络拓扑变化，提供了一个分析多智能体网络系统一致性算法的理论框架[53,54]。

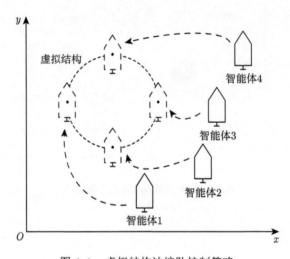

图 1.4　虚拟结构法编队控制策略

1.1.2　编队控制特性

无人集群系统编队控制具有诸多特性，如刚性/柔性构型、自组织性、分布式通信与决策、参数鲁棒性、通信鲁棒性等。本节将从自组织性、分布式与鲁棒性两方面介绍无人集群系统编队控制的特性。自组织性体现了编队控制中角色/任务的分配方式，分布式与鲁棒性分别用于描述集群系统控制决策与信息交互的方式，以及编队控制算法对智能体自身与环境中不确定性的适应能力。

1. 自组织性

在无人集群系统中，编队控制策略通常基于个体编号来进行任务分配。这种方法在面对不可控的初始条件、复杂动态环境，以及个体故障与故障恢复时常常遇到诸多局限。例如,当初始条件不可控时,某些个体本可以通过就近的方式实现期望的编队队形,但由于每个个体需按照自身的标签分配到指定位置,导致增加不必要的实际移动路径与能量消耗。近年来,生物集群机理研究与仿生智能为这一领域带来了新的启示。自然界中的鸟群和鱼群等生物聚集行为,以其协同与自组织能力,启发了更为灵活且适应性强的无人集群系统自组织编队控制策略的设计[55-58]。这些策略通过借鉴生物系统中基于局部信息交换和简单规则的自组织行为,使无人集群系统能够更好地适应复杂动态环境,并在个体故障或故障恢复后自动调整和组织编队。文献 [59] 提出了一种多边形自组织编队控制策略,该策略将集群系统的个体划分为顶点个体和普通个体两部分。顶点个体通过随机控制输入确定整个编队的形状和大小,而普通个体则通过邻近个体的搜寻和靠近/远离行为,最小化与两个直接相邻个体的距离差异,从而形成稳定的多边形队形。文献 [60] 和 [61] 提出了基于动态领随链路的自组织编队控制策略,实现了无人集群系统的楔形和线形快速自组织编队控制,显著提升了系统的响应速度和编队灵活性。此外,文献 [62] 结合了人工势场法的优势,通过设计无人集群系统个体间的吸引力和排斥力实现自组织成群控制。该方法不仅考虑了不可达目标和障碍物避碰问题,还有效消除了人工势场法所带来的局部最优问题。文献 [63] 采用文献 [64]中提出的一种用于凸包构造和基数估计的分布式算法,估算无人集群系统的个体数量和中心位置,以构建期望的圆形或多边形队形的虚拟结构。进一步通过邻近无人机的信息,将无人机分布在虚拟结构的轮廓上,实现预期的自组织编队控制。为简化传统编队控制对距离测量的依赖,文献 [65] 提出了一种仅基于方位测量的自我定位方法。该方法通过线性组合圆轨迹和线性平移,实现个体定位的同时完成了集群系统的自组织编队控制,减少了集群系统自组织编队控制过程中的运算量。文献 [66] 基于自组织映射神经网络,提出了一种针对无标签无人集群系统的编队控制方法。在自组织映射竞争阶段,每个智能体的期望位置由基于一致性的拍卖算法自适应分配,优化了系统编队控制的鲁棒性。文献 [67] 进一步改进了自组织映射方法,通过引入新的学习速度参数,使系统能够更有效地处理编队转换和个体故障,并通过工作负载平衡策略的设计减小了编队过程中的总行程长度和能量消耗。

2. 分布式与鲁棒性

无人集群系统编队控制方式可分为集中式、分散式和分布式三种类型[68,69]。早期的编队控制多采用集中式控制，即选择一个智能体作为控制与通信中心，负责决策与发布其他智能体所需的协同和控制信息[70]。这种方法在小规模集群系统中表现出色，但随着集群规模的扩大，中心智能体的计算负担和通信成本显著增加，因此集中式控制逐渐不再适用。为了应对集中式控制的局限性，分散式编队控制方案应运而生。在分散式控制中，每个智能体作为独立的子系统，不需要获取全局环境信息，任务被分解并分配给各个子系统完成[71]。这种方法具有较强的适应能力和信息传播效率，但由于每个子系统掌握的信息不完整，系统的整体协调能力较低，难以实现复杂的协同任务。相比之下，分布式控制策略通过每个智能体与邻近智能体交换信息来实现编队控制，避免了集中式控制中单点故障的问题[72]。分布式控制结合了集中式和分散式控制的优点，通过层次化结构实现集群系统的高效协同。

鲁棒编队控制策略是指设计并实现能够在环境不确定性、传感器噪声、系统未知参数以及系统外部扰动等复杂因素下保持稳定编队的控制策略[73]。普通编队控制策略可以看作鲁棒编队控制策略的特殊情况，通常在普通编队控制策略适用的情况下，鲁棒编队控制策略也能适用。近年来，随着无人集群技术的迅猛发展，鲁棒编队控制成为研究热点，取得了诸多研究成果。Chen 等人在文献 [74] 中研究了具有不确定性和外部扰动的线性多智能体系统的鲁棒编队问题。文中引入了不确定性界限，提出了一种由控制器和鲁棒补偿器组成的鲁棒编队控制器，以实现期望状态的编队并抑制不确定性和扰动的影响。Yan 等人在文献 [75] 中针对不确定的异构多智能体系统提出了一种基于强化学习的鲁棒编队控制策略，以实现最优无碰撞时变编队。此外，Mei 等人在文献 [76] 中考虑到编队的快速性，研究了一类异构二阶多智能体系统的有限时间编队控制问题并设计了两种自适应编队控制策略。

自 20 世纪 70 年代以来，输出调节理论的建立为解决控制系统的鲁棒跟踪问题提供了系统性的控制框架，受到了国内外学者的广泛关注并取得了丰硕的成果[77]。概括来说，输出调节问题的目标是设计反馈控制器，在保证系统内部稳定的前提下，同时实现对参考信号的跟踪与对扰动信号的抵御。与一般的渐近跟踪或干扰抑制问题相比，输出调节问题所处理的参考信号和干扰信号并不局限于某种特定信号，它可以处理由外部系统所产生的一类信号。输出调节理论在实际工程中有诸多应用，如导弹的跟踪、卫星姿态控制、机械臂轨迹跟踪等。近年来，面向多智能体系统的协作输出调节问题逐渐成为了新兴的热点问题。在协作输出调节问题中，外部系统被视为虚拟领导者，多智能体系统中的每一个智能体子系统被称为跟随者。与单一系统的输出调节问题类似，该问题旨在通过每一个智能体的反馈控制器设计，实现每个智能体系统的内部稳定，同时每个智能体可以渐近跟踪外部参考信号并抵御外部干扰信号。这里的参考信号与干扰信号均由外部系统产生。与单一系统的输出调节问题不同，在协作输出调节问题中，并不是每一个智能体子系统都可以直接获取外部系统的信息，子系统需要通过通信网络中的信息交换来解决全局的输出调节问题。自 Su 与 Huang 给出线性多智能体系统协作输出调节问题的严格描述后[78]，协作输出调节问题的研究开启了新阶段。到目前为止，协作输出调节控制理论已广泛应用于分布式编队控制[79-89]。文献 [79]将虚拟结构法中的虚拟领导者看作一个外部系统，利用协作输出调节理论以简洁的方式处理分布式编队控制问题，其在同时处理异构个体动态、不可靠通信网络和系统参数不确定性方面显示出独特的优势。文献 [80] 提出了一种基于虚拟误差的分布式内模控制策略，同时解决了系统参数不确定以及通信网络不可靠的问题。文献 [81] 考虑了虚拟领导者具有外部输入作用的情况，利用具有自调谐增益的分布式观测器估计了虚拟领导者的状态。文献 [82] 考虑了多个虚拟领导者的情况，所有跟随者的状态最终都收敛到了由所有虚拟领导者状态所张成的凸集。在文献 [83] 中，为了降低通信成本，作者提出了一种动态事件触发通信机制。文献 [84] 在文献 [80] 结果的基础上进行拓展，利用非光滑分析和李雅普诺夫理论，将原有的线性个体动力学模型拓展为非线性个体动力学模型。文献 [85] 则提出了一种分布式滤波器，解决了通信量化和遭受通信攻击的情况。在某些应用场景中，个体之间可能同时存在合作和对抗的情形，为此提出了标签通信图的概念。在这种情况下，研究者提出了双边编队控制问题[86-89]。文献 [86,87] 研究了多个领导者的情况，其中 [86] 中的领导者没有外部输入，而 [87] 中的领导者则具有外部输入。此外，文献 [88] 对执行器故障进行了分析，采用双端事件触发输出反馈控制解决了编队控制问题。在标签通信图的基础上，文献 [89] 提出了一种固定时间自适应分布式观测器来解决有限时间的分布式双边跟踪问题。

1.2 基 础 知 识

1.2.1 图论

图论被广泛用于描述和分析多智能体系统的通信网络[90,91]。它通过图形结构的数学模型量化智能体之间的交互关系，其具体方式如下。

无人集群系统的通信网络可以用图 $\mathcal{G} = (\mathcal{V}, \mathcal{E})$ 表示，其中 $\mathcal{V} = \{1, \ldots, N\}$ 表示一个有限的节点集，$\mathcal{E} = \{(i, j), i, j \in \mathcal{V}, i \neq j\}$ 表示边集。从节点 j 到节点 i 的边表示为 (j, i)，此时节点 j 被称为节点 i 的邻居。$\mathcal{N}_i = \{j | (j, i) \in \mathcal{E}\}$ 表示节点 i 所有邻居的集合。如果图 $\mathcal{G}$ 中包含一系列边 $(i_1, i_2), (i_2, i_3), \ldots, (i_k, i_{k+1})$，则表明节点 i_{k+1} 对节点 i_1 是可达的，$\{(i_1, i_2), (i_2, i_3), \ldots, (i_k, i_{k+1})\}$ 表示节点 i_1 到节点 i_{k+1} 的一条路径。若图 $\mathcal{G}$ 中存在一个节点满足任意其他节点对该节点都可达，那么该节点称为图的根节点，此时称该图包含一棵有向生成树。如果当 $(j, i) \in \mathcal{E}$ 时，有 $(i, j) \in \mathcal{E}$，称边 (i, j) 是无向的。如果一个图中所有边都是无向的，则称该图为无向图，反之则为有向图。若对于图 $\mathcal{G}_s = (\mathcal{V}_s, \mathcal{E}_s)$，有 $\mathcal{V}_s \subseteq \mathcal{V}$，$\mathcal{E}_s \subseteq \mathcal{E}$，则称 $\mathcal{G}_s$ 为 $\mathcal{G}$ 的子图。此外，如果 $\mathcal{V}_s = \mathcal{V}$ 且子图 $\mathcal{G}_s$ 中包含一棵有向生成树，那么该有向生成树也是图 $\mathcal{G}$ 的有向生成树。给定 m 个图 $\mathcal{G}_k = (\mathcal{V}, \mathcal{E}_k), (k = 1, 2, \ldots, m)$，若 $\mathcal{E} = \bigcup_{k=1}^{m} \mathcal{E}_k$，称图 $\mathcal{G} = (\mathcal{V}, \mathcal{E})$ 是 $\mathcal{G}_k$ 的联合图，记为 $\mathcal{G} = \bigcup_{k=1}^{m} \mathcal{G}_k$。图 $\mathcal{G}$ 的加权邻接矩阵可用一个非负矩阵 $A = [a_{ij}] \in \mathbb{R}^{N \times N}$ 表示，其中 $a_{ii} = 0$，如果 $(j, i) \in \mathcal{E}$，$i \neq j$，则 $a_{ij} > 0$，否则 $a_{ij} = 0$。图 $\mathcal{G}$ 的拉普拉斯矩阵定义为 $\mathcal{L} = [l_{ij}]$，其中 $l_{ii} = \sum_{j=1}^{N} a_{ij}$，$l_{ij} = -a_{ij}, (i \neq j)$。

以图 1.5 展示的有向图 $\mathcal{G}$ 为例，该图包含 6 个节点和 7 条边，即 $\mathcal{V} = \{1, 2, 3, 4, 5, 6\}$，$\mathcal{E} = \{(1, 2), (2, 3), (3, 4), (1, 4), (3, 5), (5, 6), (6, 5)\}$。其中，节点 1 是有向图 $\mathcal{G}$ 的根节点。该图的加权邻接矩阵为

$$A = \begin{bmatrix} 0 & 0 & 0 & 0 & 0 & 0 \\ 1 & 0 & 0 & 0 & 0 & 0 \\ 0 & 1 & 0 & 0 & 0 & 0 \\ 1 & 0 & 1 & 0 & 0 & 0 \\ 0 & 0 & 1 & 0 & 0 & 1 \\ 0 & 0 & 0 & 0 & 1 & 0 \end{bmatrix}$$

相应的，其拉普拉斯矩阵为

$$
\mathcal{L} = \begin{bmatrix}
0 & 0 & 0 & 0 & 0 & 0 \\
-1 & 1 & 0 & 0 & 0 & 0 \\
0 & -1 & 1 & 0 & 0 & 0 \\
-1 & 0 & -1 & 2 & 0 & 0 \\
0 & 0 & -1 & 0 & 2 & -1 \\
0 & 0 & 0 & 0 & -1 & 1
\end{bmatrix}
$$

在一些应用场景中，无人集群系统的通信网络拓扑会随着时间变化，其中最典型的是切换网络，接下来介绍切换网络的描述方法。首先，定义一个从时间 $t \in [0, +\infty)$ 映射到有限正整数集合 $\mathcal{M} = \{1, \dots, m\}$ 的函数 $\epsilon(t)$：存在一个时间序列 $\{t_k, k = 0, 1, 2, \dots\}$，满足 $t_0 = 0$，对于任意的正整数 k，有 $t_k - t_{k-1} \geqslant \tau$，同时当 $t \in [t_{k-1}, t_k)$ 时，$\epsilon(t) = p$，$p \in \mathcal{M}$。根据上述定义，$\epsilon(t)$ 为一个分段常值的切换信号。给定一个点集 $\mathcal{V} = \{1, \dots, N\}$，定义切换图为 $\mathcal{G}_{\epsilon(t)} = (\mathcal{V}, \mathcal{E}_{\epsilon(t)})$，其中对任意 $t \geqslant 0$，$\mathcal{E}_{\epsilon(t)} \subseteq \mathcal{V} \times \mathcal{V}$。$\mathcal{N}_i(t)$ 表示节点 i 在 t 时刻所有邻居的集合。切换图 $\mathcal{G}_{\epsilon(t)}$ 的时变加权邻接矩阵定义为 $A_{\epsilon(t)} = [a_{ij}(t)] \in \mathbb{R}^{N \times N}$，其中 $a_{ii}(t) = 0$，如果 $(j, i) \in \mathcal{E}_{\epsilon(t)}$，$i \neq j$，则 $a_{ij}(t) > 0$，否则 $a_{ij}(t) = 0$。图 $\mathcal{G}_{\epsilon(t)}$ 的拉普拉斯矩阵定义为 $\mathcal{L}_{\epsilon(t)} = [l_{ij}(t)]$，其中 $l_{ii}(t) = \sum_{j=1}^{N} a_{ij}(t)$，$l_{ij}(t) = -a_{ij}(t), (i \neq j)$。

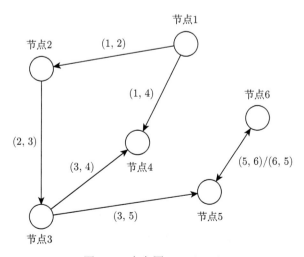

图 1.5　有向图 $\mathcal{G} = (\mathcal{V}, \mathcal{E})$

1.2.2 输出调节理论

本小节将简要回顾针对单一系统的输出调节理论。考虑如图 1.6 所示的反馈控制系统，其被控对象的数学模型如下：

$$\dot{x}(t) = Ax(t) + Bu(t) + E_d d(t)$$

$$y(t) = Cx(t) + Du(t) + F_d d(t) \tag{1.1}$$

$$y_m(t) = C_m x(t) + D_m u(t) + F_{md} d(t)$$

其中，$x(t) \in \mathbb{R}^n$、$u(t) \in \mathbb{R}^m$、$y(t) \in \mathbb{R}^p$、$y_m(t) \in \mathbb{R}^{pm}$ 和 $d(t) \in \mathbb{R}^{n_d}$ 分别表示系统的内部状态、控制输入、被控输出、测量输出和外部干扰信号。$A \in \mathbb{R}^{n \times n}$、$B \in \mathbb{R}^{n \times m}$、$C \in \mathbb{R}^{p \times n}$、$D \in \mathbb{R}^{p \times m}$、$C_m \in \mathbb{R}^{pm \times n}$、$D_m \in \mathbb{R}^{pm \times m}$、$E_d \in \mathbb{R}^{n \times n_d}$、$F_d \in \mathbb{R}^{p \times n_d}$、$F_{md} \in \mathbb{R}^{pm \times n_d}$ 为常数矩阵。输出调节问题的控制目标可以描述为：被控对象在外部干扰信号 $d(t)$ 的作用下，利用其可测量的输出 $y_m(t)$ 作为反馈信号，设计反馈控制器 $u(t)$，以确保在闭环系统稳定的前提下被控对象的输出信号 $y(t)$ 可以渐近地跟踪外部参考输入信号 $r(t) \in \mathbb{R}^p$，即

$$\lim_{t \to \infty} e(t) \triangleq \lim_{t \to \infty} (y(t) - r(t)) = 0 \tag{1.2}$$

根据以上描述，输出调节问题也被称为渐近跟踪与干扰抑制问题。

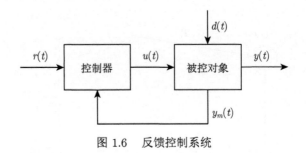

图 1.6　反馈控制系统

在实际应用中，参考输入信号 $r(t)$ 与外部干扰信号 $d(t)$ 未必完全已知。例如，阶跃参考信号可能具有任意的幅值，多频正弦干扰可能具有任意的幅值和初始相位。在工程上，人们期望所设计的控制器能够应对一类参考输入或干扰，而非某一特定信号。为此，引入信号发生器的概念以产生具有某些共同特征的一类

信号。假定参考输入信号由如下信号发生器产生[92]：

$$\dot{v}_r(t) = S_r v_r(t)$$
$$r(t) = C_r v_r(t)$$
(1.3)

其中，$v_r(t) \in \mathbb{R}^{q_r}$，$S_r \in \mathbb{R}^{q_r \times q_r}$，$C_r \in \mathbb{R}^{p \times q_r}$。外部干扰信号由如下信号发生器产生：

$$\dot{v}_d(t) = S_d v_d(t)$$
$$d(t) = C_d v_d(t)$$
(1.4)

其中，$v_d(t) \in \mathbb{R}^{q_d}$，$S_d \in \mathbb{R}^{q_d \times q_d}$，$C_d \in \mathbb{R}^{n_d \times q_d}$。系统 (1.3)、(1.4) 均为线性定常系统，其输出信号基本可以覆盖工程应用中的常见信号，例如具有任意幅值的阶跃信号、具有任意斜率的斜坡信号，以及具有任意幅值和初始相位的正弦信号等。为方便记述，令 $v(t) = \mathrm{col}(v_r(t), v_d(t)) \in \mathbb{R}^q$，$S = \mathcal{D}(S_r, S_d) \in \mathbb{R}^{q \times q}$，$q = q_r + q_d$。此时 (1.3) 和 (1.4) 可以合并为一个系统：

$$\dot{v}(t) = S v(t)$$
(1.5)

系统 (1.5) 也称为外部系统，$v(t)$ 称为外部信号。基于 $v(t)$，系统模型 (1.1) 可改写为

$$\dot{x}(t) = Ax(t) + Bu(t) + Ev(t)$$
$$e(t) = Cx(t) + Du(t) + Fv(t)$$
$$y_m(t) = C_m x(t) + D_m u(t) + F_m v(t)$$
(1.6)

其中，$E = [0 \quad E_d C_d]$，$F = [-C_r \quad F_d C_d]$，$F_m = [0 \quad F_{md} C_d]$。

针对系统 (1.6)，输出调节问题可以描述如下。

问题 1.1 给定系统 (1.6) 和外部系统 (1.5)，设计反馈控制律 $u(t)$，使得闭环系统稳定，且满足：

$$\lim_{t \to \infty} e(t) = 0$$

为解决输出调节问题，有如下必要假设：

假设 1.1 S 的特征值具有非负实部。

假设 1.2 (A, B) 是可镇定的。

假设 1.3 $\left([C_m \;\; F_m], \begin{bmatrix} A & E \\ 0 & S \end{bmatrix} \right)$ 是可检测的。

设计如下两种控制律解决输出调节问题 1.1。

（1）静态状态反馈控制律：

$$u(t) = K_x x(t) + K_v v(t) \tag{1.7}$$

其中，$K_x \in \mathbb{R}^{m \times n}$ 和 $K_v \in \mathbb{R}^{m \times q}$ 是常数矩阵。

（2）动态测量输出反馈控制律：

$$
\begin{aligned}
u(t) &= Kz(t) \\
\dot{z}(t) &= G_1 z(t) + G_2 y_m(t)
\end{aligned}
\tag{1.8}
$$

其中，$z(t) \in \mathbb{R}^{n_z}$，$G_1 \in \mathbb{R}^{n_z \times n_z}$，$G_2 \in \mathbb{R}^{n_z \times p_m}$。当 $y_m(t) = e(t)$ 时，控制律 (1.8) 称为动态误差输出反馈控制律。

将上述两种控制律 (1.7) 和 (1.8) 代入系统 (1.6) 中，可以得到如下形式的闭环系统：

$$
\begin{aligned}
\dot{x}_c(t) &= A_c x_c(t) + B_c v(t) \\
\dot{v}(t) &= S v(t) \\
e(t) &= C_c x_c(t) + D_c v(t)
\end{aligned}
\tag{1.9}
$$

其中，当采用静态状态反馈控制律 (1.7) 时，$x_c(t) = x(t)$，且

$$
\begin{aligned}
A_c &= A + B K_x, \\
B_c &= E + B K_v, \\
C_c &= C + D K_x, \\
D_c &= F + D K_v.
\end{aligned}
\tag{1.10}
$$

当采用动态测量输出反馈控制律 (1.8) 时，$x_c(t) = \mathrm{col}(x(t), z(t))$，且

$$
A_c = \begin{bmatrix} A & BK \\ G_2 C_m & G_1 + G_2 D_m K \end{bmatrix}
$$

$$
B_c = \begin{bmatrix} E \\ G_2 F_m \end{bmatrix}
$$

$$C_c = [C \quad DK]$$

$$D_c = F \tag{1.11}$$

针对系统 (1.9)，文献 [77] 给出如下结论。

引理 1.1 基于假设 1.1，采用控制律 (1.7) 或 (1.8)，若闭环系统 (1.9) 满足 A_c 是赫尔维茨矩阵，如下结论等价：

（1）控制律 (1.7) 或 (1.8) 可以解决输出调节问题。

（2）存在一个唯一的矩阵 X_c 满足如下矩阵方程：

$$X_c S = A_c X_c + B_c$$

$$0 = C_c X_c + D_c \tag{1.12}$$

（3）$\lim_{t\to\infty}(x_c(t) - X_c v(t)) = 0$。

1.2.3 协作输出调节

本小节将简要介绍基于分布式观测器的协作输出调节控制框架。考虑 N 个线性定常系统，对于 $i \in \underline{N}$，第 i 个智能体的状态空间方程描述如下：

$$\dot{x}_i(t) = A_i x_i(t) + B_i u_i(t) + E_i v_0(t)$$

$$e_i(t) = C_i x_i(t) + D_i u_i(t) + F_i v_0(t) \tag{1.13}$$

$$y_{mi}(t) = C_{mi} x_i(t) + D_{mi} u_i(t) + F_{mi} v_0(t)$$

其中，$x_i(t) \in \mathbb{R}^{n_i}$、$u_i(t) \in \mathbb{R}^{m_i}$、$e_i(t) \in \mathbb{R}^{p_i}$、$y_{mi}(t) \in \mathbb{R}^{p_{mi}}$ 和 $v_0(t) \in \mathbb{R}^q$ 分别表示第 i 个智能体的内部状态、控制输入、调节输出、测量输出和外部信号。$A_i \in \mathbb{R}^{n_i \times n_i}$、$B_i \in \mathbb{R}^{n_i \times m_i}$、$C_i \in \mathbb{R}^{p_i \times n_i}$、$D_i \in \mathbb{R}^{p_i \times m_i}$、$C_{mi} \in \mathbb{R}^{p_{mi} \times n_i}$、$D_{mi} \in \mathbb{R}^{p_{mi} \times m_i}$、$E_i \in \mathbb{R}^{n_i \times q}$、$F_i \in \mathbb{R}^{p_i \times q}$、$F_{mi} \in \mathbb{R}^{p_{mi} \times q}$ 为常数矩阵。不失一般地，假设外部信号 $v_0(t)$ 由如下系统产生：

$$\dot{v}_0(t) = S_0 v_0(t)$$

$$y_0(t) = C_0 v_0(t) \tag{1.14}$$

其中，$S_0 \in \mathbb{R}^{q \times q}$，$C_0 \in \mathbb{R}^{p_0 \times q}$。系统 (1.14) 也成为虚拟领航系统。

由系统 (1.13) 与系统 (1.14) 组成的多智能体系统的通信网络由切换图 $\bar{\mathcal{G}}_{\epsilon(t)} = (\bar{\mathcal{V}}, \bar{\mathcal{E}}_{\epsilon(t)})$ 表示。具体地，$\bar{\mathcal{V}} = \{0, 1, \dots, N\}$，其中节点 0 代表系统 (1.14)，而节点 i, $i \in \underline{N}$，代表第 i 个智能体。$(i, j) \in \bar{\mathcal{E}}_{\epsilon(t)}$ 当且仅当节点 j 在 t 时刻时可以获取节点 i 的信息。令 $\bar{\mathcal{A}}_{\epsilon(t)} = [a_{ij}(t)] \in \mathbb{R}^{(N+1) \times (N+1)}$，表示切换图 $\bar{\mathcal{G}}_{\epsilon(t)}$ 的加权邻接矩阵。协作输出调节问题可以描述如下。

问题 1.2 给定系统 (1.13)、(1.14) 和切换图 $\bar{\mathcal{G}}_{\epsilon(t)}$，设计分布式反馈控制律 $u_i(t)$，使得闭环系统稳定，且满足

$$\lim_{t \to \infty} e_i(t) = 0$$

若对所有的 $t \geqslant 0$，有 $0 \in \mathcal{N}_i(t)$，考虑以下控制律：

$$\begin{aligned}
u_i(t) &= \mathcal{F}_i(z_i(t), y_{mi}(t), y_0(t)) \\
\dot{z}_i(t) &= \mathcal{H}_i(z_i(t), y_{mi}(t), y_0(t))
\end{aligned} \tag{1.15}$$

其中，$\mathcal{F}_i$ 和 $\mathcal{H}_i$ 为光滑函数。此时，每个智能体仅依赖自身信息和外部系统的信息，因此称为分散控制律，其框架如图 1.7 所示。

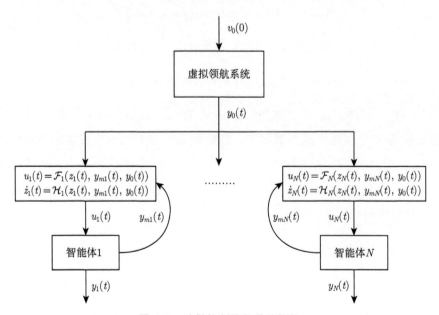

图 1.7 分散控制律的设计框架

在实际应用场景中，未必满足对所有的 $t \geqslant 0$，有 $0 \in \mathcal{N}_i(t)$。此时，首先为每个智能体设计如下分布式观测器：

$$\dot{v}_i(t) = \mathcal{O}_i(C_0 v_i(t), C_0 v_j(t), j \in \mathcal{N}_i(t)) \tag{1.16}$$

其中，$\mathcal{O}_i$ 为光滑函数。如果对于任意的初始状态，系统 (1.16) 和系统 (1.14) 满足 $\lim_{t \to \infty}(v_i(t) - v_0(t)) = 0$，则称 (1.16) 是虚拟领航系统 (1.14) 的分布式观测器，其中 $v_i(t)$ 是对 $v_0(t)$ 的估计。

其次，用 $y_0(t)$ 的估计 $C_0 v_i(t)$ 代替分散控制律 (1.15) 中的 $y_0(t)$，可以得到如下确定等价控制律：

$$\begin{aligned}
u_i(t) &= \mathcal{F}_i(z_i(t), y_{mi}(t), C_0 v_i(t)) \\
\dot{z}_i(t) &= \mathcal{H}_i(z_i(t), y_{mi}(t), C_0 v_i(t)) \\
\dot{v}_i(t) &= \mathcal{O}_i(C_0 v_i(t), C_0 v_j(t), j \in \mathcal{N}_i(t))
\end{aligned} \tag{1.17}$$

称控制律 (1.17) 为基于分布式观测器的控制律，其框架如图 1.8 所示。若控制律 (1.17) 可以解决问题 1.2，则称其满足确定等价原理。

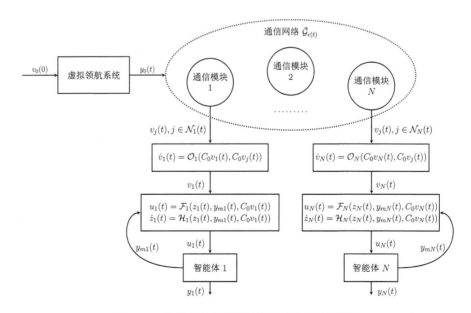

图 1.8　基于分布式观测器的控制律的设计框架

1.3　实验验证平台介绍

图 1.9 展示了室内集群高精度定位与动作捕捉验证平台。该平台包含 8 个分辨率为 4250×2160 的 900 万像素光学摄像头，配备 20 架四旋翼无人机和 10 辆麦轮智能车，能够在 6m×8m 的空间内为无人集群系统提供多自由度的定位能力和可靠的通信交互与协同控制能力。

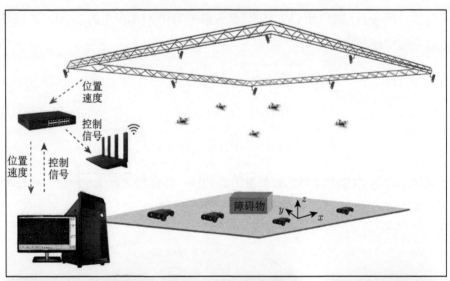

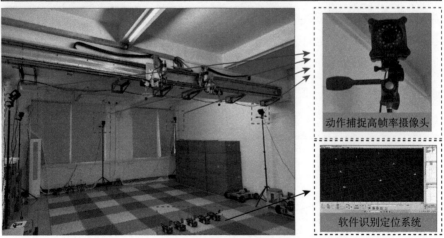

图 1.9　室内集群高精度定位与动作捕捉验证平台

图中无人机及智能车数量仅为示意

1.3.1 无人车集群

无人车（unmanned ground vehicle，UGV）集群系统由多辆麦轮智能车组成，麦轮智能车实物和控制架构分别如图 1.10 和图 1.11 所示。这些智能车的移动方式能够模拟全驱动系统、阿克曼型车以及坦克等特殊载具的移动特性，提供了丰富的验证场景。每辆麦轮智能车均配备了两个车载控制单元：一个运行 Ubuntu 18.04 操作系统的树莓派和一个 STM32 底层控制器。这两个控制单元通过串行通信接口相连，形成了一个高效的控制架构。树莓派作为高级控制和数据处理的核心，负责执行复杂的算法和数据处理任务，而 STM32 底层控制器则专注于运动底盘的实时控制，确保车辆的精确运动。为了实现精确的动作捕捉，每辆麦轮智能车上装有 3 个反光标识球。这些标识球在动作捕捉系统下构建了刚体模型，使得系统能够实时获取每辆麦轮智能车的位置和姿态信息。

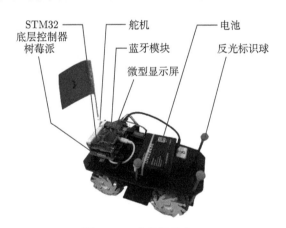

图 1.10 麦轮智能车

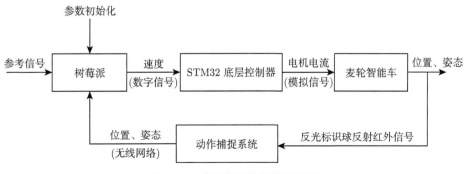

图 1.11 麦轮智能车的控制架构

1.3.2 无人机集群

无人机（unmanned arial vehicle，UAV）集群系统由多个四旋翼无人机组成，
四旋翼无人机实物及其控制架构分别如图 1.12 和图 1.13 所示。无人机的核心
控制单元采用 72MHz 主频的 STM32 微控制器，基于 Cortex-M3 内核，能够
处理来自多个高精度传感器的数据。这些传感器包括三轴陀螺仪、三轴加速度计
（MPU6050）、磁力计和气压计等，为无人机提供了全面的环境感知能力。结合这
些传感器和动作捕捉系统，能够实现无人机的精确定位和姿态控制。在通信方面，
无人机采用了 NRF51822 无线芯片，通过 SPI 协议实现与主控芯片的高速数据交
换，能够快速接收来自地面控制站的控制信号。配合动作捕捉系统，UAV 集群系
统支持更高级的"offboard"控制模式。通过丰富的 Python API 控制接口，UAV
集群系统可以实时控制无人机的飞行路径，获取其位置、速度和姿态信息，为复
杂的飞行任务提供了强大的支持。

图 1.12   四旋翼无人机

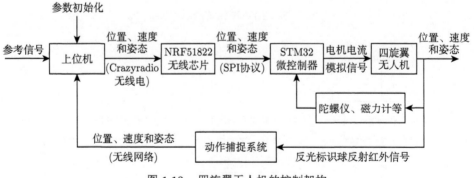

图 1.13   四旋翼无人机的控制架构

第一部分 基于动态领随链路的自组织编队

第 2 章　平面线形编队控制

传统的领随编队控制算法依赖于预设的固定领随链路。在实际应用中，固定领随链路存在以下不足：一是当集群规模较大时，由于固定领随链路的链路设定方式与智能体的初始位置无关，因此集群系统执行编队任务的平均响应速度较慢；二是当某个或某些智能体出现故障后，其余智能体无法自动更新领随链路，从而导致编队中断。为了解决上述问题，本章将介绍基于智能体间相对位置与智能体当前运行状态等实时信息的动态领随链路生成方法，以及基于动态领随链路的无人集群系统平面线形自组织编队控制算法。

2.1　问　题　描　述

考虑二维平面内由 N 个智能体组成的无人集群系统。对 $i \in \underline{N}$，智能体 i 的运动方程如下：

$$\dot{p}_i(t) = v_i(t) \tag{2.1}$$

其中 $p_i(t), v_i(t) \in \mathbb{R}^2$ 分别表示智能体 i 在 t 时刻的位置和速度。在本章中，$v_i(t)$ 作为智能体 i 的控制输入。令 $\delta_i > 0$ 表示智能体 i 的避撞安全半径。

假定平面内存在 M 个静止或移动的障碍物。对 $i \in \underline{M}$，障碍物 i 的运动方程如下：

$$\dot{q}_i(t) = u_i(t) \tag{2.2}$$

其中 $q_i(t), u_i(t) \in \mathbb{R}^2$ 表示障碍物 i 在 t 时刻的位置和速度。当 $u_i(t) \equiv 0$ 时，障碍物 i 为静止障碍物，否则为移动障碍物。令 $\nu_i > 0$ 表示障碍物 i 的避撞安全半径。

令 $v_l \in \mathbb{R}^2$ 表示期望的编队行进速度，则期望的编队前进方向为

$$e_l = \mathbf{o}(v_l) \tag{2.3}$$

将 e_l 逆时针旋转 $\pi/2$ 弧度得到与期望的编队前进方向垂直的方向向量为

$$e_l^\perp = \mathbf{R}(\pi/2)\mathbf{o}(v_l) \tag{2.4}$$

为便于记述，定义以下变量。

- 对任意的 $i, j \in \underline{N}$，

$$
\begin{aligned}
p_{i,j}(t) &= p_i(t) - p_j(t) \\
p_{i,j}^l(t) &= \langle p_{i,j}(t), e_l \rangle \\
p_{i,j}^\perp(t) &= \langle p_{i,j}(t), e_l^\perp \rangle
\end{aligned} \tag{2.5}
$$

- 对任意的 $i \in \underline{N}$ 且 $j \in \underline{M}$，

$$\wp_{i,j}(t) = p_i(t) - q_j(t) \tag{2.6}$$

基于上述定义，本章考虑的无人集群系统线形编队任务可严格描述如下。

问题 2.1　给定系统 (2.1) 与 (2.2)，为每个智能体设计控制输入 $v_i(t)$，在以下初始条件下：

- 智能体间距：对任意的 $i, j \in \underline{N}, i \neq j$，

$$\|p_{i,j}(0)\| \geqslant \delta_i + \delta_j$$

- 智能体与障碍物间距：对任意的 $i \in \underline{N}, j \in \underline{M}$，

$$\|\wp_{i,j}(0)\| \geqslant \delta_i + \nu_j$$

实现下列控制目标：

（1）避撞目标

- 智能体之间避撞：对任意的 $t > 0, i, j \in \underline{N}, i \neq j$，

$$\|p_{i,j}(t)\| \geqslant \delta_i + \delta_j$$

- 智能体与障碍物之间避撞：对任意的 $t > 0, i \in \underline{N}, j \in \underline{M}$，

$$\|\wp_{i,j}(t)\| \geqslant \delta_i + \nu_j$$

（2）编队目标

- 速度匹配：对于任意的 $i \in \underline{N}$，

$$\lim_{t \to \infty} (v_i(t) - v_l) = 0$$

- 线形列队：对于任意的 $i,j \in \underline{N}, i \neq j$，

$$\lim_{t \to \infty} p_{i,j}^{\perp}(t) = 0$$

- 间隔相等：集合 $\underline{N}$ 中的所有元素形成首尾序列 $(i_1, i_2, \ldots, i_N)$，其中 $i_k \in \underline{N}$，使得对于任意的 $k \in \underline{N-1}$，满足

$$\lim_{t \to \infty} p_{i_k, i_{k+1}}^{l}(t) = \rho$$

此处，$\rho > 0$ 表示相邻智能体之间的期望距离。

注 2.1 为了避免编队目标与避撞目标冲突，ρ 需要满足对任意的 $i,j \in \underline{N}, i \neq j$，

$$\rho \geqslant \max_{i,j \in \underline{N}, i \neq j} \{\kappa(\delta_i + \delta_j)\}, \ \kappa > 1 \tag{2.7}$$

注 2.2 在问题 2.1 的描述中，线形编队的首尾序列 $(i_1, i_2, \ldots, i_N)$ 不依赖于智能体的序号。在编队行进的过程中，序列 $(i_1, i_2, \ldots, i_N)$ 可能因为智能体故障或障碍物的影响而产生变化。

2.2 控制算法设计

本节将介绍基于动态领随链路的无人集群系统平面线形编队控制算法。首先，定义下列函数。

- 故障标记函数 $\Gamma_i(t)$：若智能体 i 在 t 时刻正常工作，则 $\Gamma_i(t) = 1$；否则 $\Gamma_i(t) = 0$。
- 队列头部标记函数 $\Lambda_i(t)$：若智能体 i 在 t 时刻为队列头部，则 $\Lambda_i(t) = 1$；否则 $\Lambda_i(t) = 0$。
- 领导者标记函数 $\Phi_i(t)$：若智能体 i 在 t 时刻存在领导者，则 $\Phi_i(t) > 0$；否则 $\Phi_i(t) = 0$。

- 跟随者标记函数 $\Delta_i(t)$：若智能体 i 在 t 时刻存在跟随者，则 $\Delta_i(t) = 1$；否则 $\Delta_i(t) = 0$。

其次，设计领随速度如下。若智能体 i 的领导者为智能体 j，则智能体 j 对智能体 i 的领随速度 $v_{i,lf}^j(t)$ 为

$$v_{i,lf}^j(t) = \alpha(p_{j,i}^l(t) - \rho)e_l + \beta p_{j,i}^\perp(t)e_l^\perp \tag{2.8}$$

其中，$\alpha > 0$ 表示进向增益，$\beta > 0$ 表示垂向增益。

接下来，为了避免智能体之间以及智能体与障碍物之间的碰撞，设计避撞速度 $v_{i,ca}(t)$ 如下：

$$v_{i,ca}(t) = \mathbf{R}(\theta_i(t))\bar{v}_{i,ca}(t)$$

$$\bar{v}_{i,ca}(t) = \sum_{j=1,j\neq i}^N \mathbf{o}(p_{i,j}(t))\zeta(\|p_{i,j}(t)\|, \delta_i + \delta_j)$$

$$+ \sum_{j=1}^M \mathbf{o}(\wp_{i,j}(t))\zeta(\|\wp_{i,j}(t)\|, \delta_i + \nu_j) \tag{2.9}$$

其中，$\theta_i(t) \in (-\pi/2, \pi/2)$ 为随机变量，避撞斥力函数 ζ 的具体形式如下：

$$\zeta(x,\varepsilon) = \begin{cases} \kappa_2\left(\dfrac{1}{x-\varepsilon} - \dfrac{1}{(\kappa_1-1)\varepsilon}\right) & \varepsilon < x < \kappa_1\varepsilon \\ 0 & x > \kappa_1\varepsilon \end{cases} \tag{2.10}$$

其参数 κ_1, κ_2 满足 $1 < \kappa_1 < \kappa$，$\kappa_2 > 0$。显然，$\zeta : (\varepsilon, +\infty) \times (0, \infty) \to [0, +\infty)$ 为连续函数，且满足

$$\lim_{x\to\varepsilon^+} \zeta(x,\varepsilon) = +\infty \tag{2.11}$$

这里，$\kappa_1\varepsilon$ 为避撞斥力的截断距离。由于 $\kappa_1 < \kappa$，由不等式 (2.7) 可知对任意的 $i, j \in \underline{N}$，

$$\kappa_1(\delta_i + \delta_j) < \kappa(\delta_i + \delta_j) \leqslant \rho$$

因此，当两个个体之间的距离为期望间隔距离时，其相互之间的斥力为零。值得说明的是，在避撞速度的设计中，引入随机方向旋转矩阵 $\mathbf{R}(\theta_i(t))$ 是为了避免智能体由于兼顾编队目标与避障目标而发生位置死锁。

最后，定义 t 时刻无人集群系统的跨度 $\ell(t)$ 为

$$\ell(t) = \max_{i,j \in \underline{N}} \{\|p_{i,j}(t)\|\} \tag{2.12}$$

基于上述定义，无人集群系统平面线形编队算法如算法 2-1 所示，其具体流程解释如下。在每一个时刻 t，智能体根据当前的位置与状态决定下一时刻的行动。首先，对队列头部、领导者、跟随者标记函数赋予初值。具体的，假定每一个智能体均为队列头部，且既无领导者，也无跟随者。另外，预设所有智能体的速度为零。在接下来的判断中，如果智能体发生故障，则其速度保持为零，否则将综合领随序列、领随速度与避障速度进行更新。算法的主体对每一个智能体进行一轮循环判断以确定领随序列并设定速度输入。在针对智能体 i 的循环中，遍历其余智能体。如果存在期望速度方向上位置先于智能体 i 的智能体（记为智能体 j），则智能体 i 的头部标记函数重置为 0，即智能体 i 非队列头部。如果此时智能体 j 没有跟随者，则作为智能体 i 的备选领导者。智能体 i 最终选择距离自己最近的（如果距离相同则选择最先确定的）备选领导者作为其正式的领导者。经过一轮循环，对于智能体 i 存在以下三种可能：① 智能体 i 为队列头部，此时 $v_i(t) = v_l + v_{i,ca}(t)$；② 存在智能体 i 的领导者，此时 $v_i(t) = v_l + v_{i,lf}^{\Phi_i(t)}(t) + v_{i,ca}(t)$；③ 智能体 i 既不是队列头部，也不存在领导者，此时 $v_i(t) = 0$。值得注意的是，第 3 种情况发生的原因为在期望速度方向上位置先于智能体 i 的智能体已经被其他智能体锁定为领导者，随着队列不断行进，这种情况最终会消失。

算法 2-1 平面线形编队算法

1: 输入：$p_1(t), \ldots, p_N(t)$

2: 输出：$v_1(t), \ldots, v_N(t)$

3: **for** $(i = 1; i \leqslant N; i = i + 1)$ **do**

4:     $\Lambda_i(t) = 1, \Phi_i(t) = 0, \Delta_i(t) = 0, v_i(t) = 0, \sigma_i(t) = \ell(t)$

5: **for** $(i = 1; i \leqslant N; i = i + 1)$ **do**

6:     **if** $\Gamma_i(t) = 1$ **then**

7:         **for** $(j = 1; j \leqslant N; j \neq i, j = j + 1)$ **do**

8:             **if** $p_{j,i}^l(t) > 0$ & $\Gamma_j(t) = 1$ **then**

9:                 $\Lambda_i(t) = 0$

10:                 **if** $\Delta_j(t) = 0$ & $\sigma_i(t) > \|p_{j,i}(t)\|$ **then**

11: $$\sigma_i(t) = \|p_{j,i}(t)\|, \Phi_i(t) = j$$

12:     **if** $\Lambda_i(t) = 1$ **then**

13:       **if** $i = 1$ **then**

14: $$v_i(t) = v_l + v_{i,ca}(t)$$

15:       **else if** $\Lambda_1(t) \vee \Lambda_2(t) \vee \cdots \vee \Lambda_{i-1}(t) = 0$ **then**

16: $$v_i(t) = v_l + v_{i,ca}(t)$$

17:     **if** $\Phi_i(t) > 0$ **then**

18: $$\Delta_{\Phi_i(t)}(t) = 1, \ v_i(t) = v_l + v_{i,lf}^{\Phi_i(t)}(t) + v_{i,ca}(t).$$

注 2.3 在算法 2-1 中，v_l 为常值，$v_{i,lf}^j(t)$ 为有界函数，而 $v_{i,ca}(t)$ 为无界函数，因此避撞任务的优先级高于编队任务。

注 2.4 在算法 2-1 中，领随链路在每一个时刻动态生成以应对环境的不确定性。在确定领随链路时，智能体会选择距离自己最近的备选领导者作为正式的领导者。当集群规模较大时，这样基于距离的选择原则会加快集群编队的响应速度。

注 2.5 在算法 2-1 中，判断条件 $\Lambda_1(t) \vee \Lambda_2(t) \vee \cdots \vee \Lambda_{i-1}(t) = 0$ 保证队列头部的选择具有排他性，从而避免形成多个队列头部。类似地，判断条件 $\sigma_i(t) > \|p_{j,i}(t)\|$ 保证跟随者的选择具有排他性，从而避免一个领导者具有多个跟随者。

2.3 主要结论证明

问题 2.1 的完整解决依赖于对环境中障碍物（包括故障智能体）的复杂假设以排除各种极端情况，例如多个动、静态障碍物包围住智能体的情况，而这些情况难以全部枚举。在本小节中，我们仅针对满足以下两个假设条件的特殊情况对算法 2-1 进行证明。

假设 2.1 对任意的 $t \geqslant 0$ 以及 $i \in \underline{N}$，$\Gamma_i(t) = 1$。

假设 2.2 $M = 0$。

首先证明避撞目标。

定理 2.1 在假设 2.1 与 2.2 下，在算法 2-1 下，智能体间不会发生碰撞。

证明 首先，需要证明无人集群系统的跨度 $\ell(t)$ 是有界的。根据算法 2-1，由于 ρ 大于所有可能的避撞斥力截断距离，因此当两个智能体之间的距离大于 ρ 时，两个智能体之间的斥力为零。根据领随速度的设定规则，当领导者与跟随者

之间的距离大于 ρ 时，跟随者会在进向方向上向领导者靠近，两者间距离会缩小。综上可知，无人集群系统的跨度 $\ell(t)$ 一定无法超越

$$\max\{\ell(0), \rho\} + (N-2)\rho$$

即 $\ell(t)$ 是有界的。由于 $\ell(t)$ 表示集群智能体之间的最远距离，因此可以推知对所有的 $i, j \in \underline{N}$，$p_{i,j}(t)$ 都是有界的。对智能体 i，定义编队速度

$$v_{i,fm}(t) = \begin{cases} v_l, & \text{智能体 } i \text{ 为队列头部;} \\ v_l + v_{i,lf}^{\Phi_i(t)}(t), & \text{智能体 } i \text{ 非队列头部.} \end{cases}$$

进一步，根据公式 (2.8) 可知，领随速度 $v_{i,fm}(t)$ 总是有界的。

接下来，对任意两个智能体 $i, j \in \underline{N}$，设计李雅普诺夫函数如下：

$$V_{i,j}(t) = \frac{1}{2}\|p_{i,j}(t)\|^2 = \frac{1}{2}p_{i,j}(t)^T p_{i,j}(t) \tag{2.13}$$

对公式 (2.13) 求导可得

$$\dot{V}_{i,j}(t) = p_{i,j}(t)^T \dot{p}_{i,j}(t) = p_{i,j}(t)^T (v_i(t) - v_j(t)) \tag{2.14}$$

等式 (2.14) 右侧存在三种情况，接下来将分别进行讨论。

① 在 t 时刻，智能体 i 与 j 均静止，即 $v_i(t) = v_j(t) = 0$，此时 $\dot{V}_{i,j}(t) = 0$。

② 在 t 时刻，智能体 i 与 j 中有一个静止。不失一般地，不妨设智能体 i 静止，即 $v_i(t) = 0$。此时

$$\begin{aligned}
\dot{V}_{i,j}(t) &= -p_{i,j}(t)^T v_j(t) \\
&= -p_{i,j}(t)^T (v_{i,fm}(t) + v_{j,ca}(t)) \\
&= -p_{i,j}(t)^T v_{i,fm}(t) - p_{i,j}(t)^T \mathbf{R}(\theta_j(t)) \sum_{k=1, k \neq j}^{N} \mathbf{o}(p_{j,k}(t))\zeta(\|p_{j,k}(t)\|, \delta_j + \delta_k) \\
&= -p_{i,j}(t)^T v_{i,fm}(t) + p_{i,j}(t)^T \mathbf{R}(\theta_j(t))\mathbf{o}(p_{i,j}(t))\zeta(\|p_{i,j}(t)\|, \delta_j + \delta_i) \\
&\quad - p_{i,j}(t)^T \mathbf{R}(\theta_j(t)) \sum_{k=1, k \neq i,j}^{N} \mathbf{o}(p_{j,k}(t))\zeta(\|p_{j,k}(t)\|, \delta_j + \delta_k)
\end{aligned}$$

$$\triangleq \Psi_{i,j}^a(t) + \Psi_{i,j}^b(t) + \Psi_{i,j}^c(t) \tag{2.15}$$

其中

$$\Psi_{i,j}^a(t) = -p_{i,j}(t)^T v_{i,fm}(t)$$

$$\Psi_{i,j}^b(t) = p_{i,j}(t)^T \mathbf{R}(\theta_j(t)) \mathbf{o}(p_{i,j}(t)) \zeta(\|p_{i,j}(t)\|, \delta_j + \delta_i) \tag{2.16}$$

$$\Psi_{i,j}^c(t) = -p_{i,j}(t)^T \mathbf{R}(\theta_j(t)) \sum_{k=1,k\neq i,j}^N \mathbf{o}(p_{j,k}(t)) \zeta(\|p_{j,k}(t)\|, \delta_j + \delta_k)$$

接下来，对 $\Psi_{i,j}^a(t)$，$\Psi_{i,j}^b(t)$，$\Psi_{i,j}^c(t)$ 逐一分析。首先，由于 $v_{i,fm}(t)$ 有界，因此 $\Psi_{i,j}^a(t)$ 有界。其次，由于 $|\theta_j(t)| < \pi/2$，因此

$$p_{i,j}(t)^T \mathbf{R}(\theta_j(t)) \mathbf{o}(p_{i,j}(t)) > 0$$

进一步有

$$\lim_{\|p_{i,j}(t)\| \to (\delta_j + \delta_i)} \Psi_{i,j}^b(t) = +\infty$$

这意味着，当 $\|p_{i,j}(t)\| \to (\delta_j + \delta_i)$，$V_{i,j}(t)$ 有增大的趋势，从而避免 $\|p_{i,j}(t)\|$ 进一步减小。此时，若 $\|p_{i,j}(t)\|$ 进一步减小，则必然有 $\Psi_{i,j}^c(t) \to -\infty$。在物理上，这意味着智能体 j 受到了来自其他智能体的斥力。然而智能体的数量是有限的，集群边缘的智能体在斥力的作用下只会远离其他智能体，因此最终其他智能体对智能体 j 产生的斥力必定有界，进而 $\Psi_{i,j}^c(t)$ 一定是有界的。而当 $\|p_{i,j}(t)\| \to (\delta_j + \delta_i)$，$\Psi_{i,j}^b(t)$ 是无界的，因此对任意的 $t \geqslant 0$，

$$\lim_{\|p_{i,j}(t)\| \to (\delta_j + \delta_i)} \dot{V}_{i,j}(t) > 0 \tag{2.17}$$

③ 在 t 时刻，智能体 i 与 j 均非静止。此时

$$\dot{V}_{i,j}(t) = p_{i,j}(t)^T (v_{i,fm}(t) + v_{i,ca}(t) - v_{j,fm}(t) - v_{j,ca}(t))$$

$$= p_{i,j}(t)^T (v_{i,fm}(t) - v_{j,fm}(t))$$

$$+ p_{i,j}(t)^T \mathbf{R}(\theta_i(t)) \sum_{k=1,k\neq i}^N \mathbf{o}(p_{i,k}(t)) \zeta(\|p_{i,k}(t)\|, \delta_i + \delta_k)$$

$$- p_{i,j}(t)^T \mathbf{R}(\theta_j(t)) \sum_{k=1,k\neq j}^{N} \mathbf{o}(p_{j,k}(t))\zeta(\|p_{j,k}(t)\|, \delta_j + \delta_k)$$

$$= p_{i,j}(t)^T (v_{i,fm}(t) - v_{j,fm}(t))$$

$$+ p_{i,j}(t)^T \mathbf{R}(\theta_i(t))\mathbf{o}(p_{i,j}(t))\zeta(\|p_{i,j}(t)\|, \delta_i + \delta_j)$$

$$+ p_{i,j}(t)^T \mathbf{R}(\theta_i(t)) \sum_{k=1,k\neq i,j}^{N} \mathbf{o}(p_{i,k}(t))\zeta(\|p_{i,k}(t)\|, \delta_i + \delta_k)$$

$$+ p_{i,j}(t)^T \mathbf{R}(\theta_j(t))\mathbf{o}(p_{i,j}(t))\zeta(\|p_{i,j}(t)\|, \delta_i + \delta_j)$$

$$- p_{i,j}(t)^T \mathbf{R}(\theta_j(t)) \sum_{k=1,k\neq i,j}^{N} \mathbf{o}(p_{j,k}(t))\zeta(\|p_{j,k}(t)\|, \delta_j + \delta_k)$$

$$\triangleq \Psi_{i,j}^a(t) + \Psi_{i,j}^b(t) + \Psi_{i,j}^c(t) \tag{2.18}$$

其中

$$\begin{aligned}
\Psi_{i,j}^a(t) &= p_{i,j}(t)^T (v_{i,fm}(t) - v_{j,fm}(t)) \\
\Psi_{i,j}^b(t) &= p_{i,j}(t)^T (\mathbf{R}(\theta_i(t)) + \mathbf{R}(\theta_j(t)))\mathbf{o}(p_{i,j}(t))\zeta(\|p_{i,j}(t)\|, \delta_i + \delta_j) \\
\Psi_{i,j}^c(t) &= p_{i,j}(t)^T \mathbf{R}(\theta_i(t)) \sum_{k=1,k\neq i,j}^{N} \mathbf{o}(p_{i,k}(t))\zeta(\|p_{i,k}(t)\|, \delta_i + \delta_k) \\
&\quad - p_{i,j}(t)^T \mathbf{R}(\theta_j(t)) \sum_{k=1,k\neq i,j}^{N} \mathbf{o}(p_{j,k}(t))\zeta(\|p_{j,k}(t)\|, \delta_j + \delta_k)
\end{aligned} \tag{2.19}$$

和情况 2 类似, 首先, 对任意的 $t \geqslant 0$, $\Psi_{i,j}^a(t)$ 是有界的。其次, 由于 $|\theta_i(t)|$, $|\theta_j(t)| < \pi/2$, 因此 $\Psi_{i,j}^b(t) > 0$, 且满足

$$\lim_{\|p_{i,j}(t)\| \to (\delta_j + \delta_i)} \Psi_{i,j}^b(t) = +\infty$$

最后, $\Psi_{i,j}^c(t)$ 一定有界, 因此有

$$\lim_{\|p_{i,j}(t)\| \to (\delta_j + \delta_i)} \dot{V}_{i,j}(t) > 0 \tag{2.20}$$

综上所述, 智能体在形成编队的过程中不会发生碰撞, 证毕。

注 2.6　显然，上述证明同样适用于存在简单障碍物或个别智能体发生故障的情况。但对于更加复杂的情况，如多个障碍物（包括故障智能体）形成半闭合的联通斥力域，此时个别智能体可能困于其中无法离开，当其他智能体继续前进时，无人集群系统的跨度 $\ell(t)$ 不再有界，编队牵引力逐渐增大，安全距离将无法维持。

其次证明编队目标。

定理 2.2　在假设 2.1 与 2.2 下，在算法 2-1 下，智能体可以实现编队目标。

证明　在算法 2-1 下，初始阶段的无人集群系统受到两种力的作用，一是队列头部对集群整体在前进方向上的牵引，二是集群智能体之间的排斥。因此存在 T 时刻，满足当 $t \geqslant T$ 时，存在标签序列 $i_1, \ldots, i_N$，满足

① 智能体 i_1 为队列头部；

②

$$p_{i_1,i_2}^l(t) < p_{i_1,i_3}^l(t) < \ldots < p_{i_1,i_N}^l(t)$$

③

$$p_{i_k,i_{k+1}}^l(t) > \kappa_1(\delta_{i_k} + \delta_{i_{k+1}}), \ k \in \underline{N-1}$$

对于 $t \geqslant T$，有

$$\dot{p}_{i_1,i_2}(t) = v_{i_1}(t) - v_{i_2}(t)$$
$$= v_l - v_l - \alpha(p_{i_1,i_2}^l(t) - \rho)e_l - \beta p_{i_1,i_2}^\perp(t)e_l^\perp \tag{2.21}$$
$$= -\alpha(p_{i_1,i_2}^l(t) - \rho)e_l - \beta p_{i_1,i_2}^l(t)e_l^\perp$$

由于

$$\langle e_l, e_l \rangle = 1, \langle e_l, e_l^\perp \rangle = 0, \langle e_l^\perp, e_l^\perp \rangle = 1$$

因此有

$$\dot{p}_{i_1,i_2}^l(t) = -\alpha(p_{i_1,i_2}^l(t) - \rho) \tag{2.22}$$

$$\dot{p}_{i_1,i_2}^\perp(t) = -\beta p_{i_1,i_2}^\perp(t) \tag{2.23}$$

可得

$$\lim_{t \to \infty} p_{i_1,i_2}^l(t) = \rho, \ \lim_{t \to \infty} p_{i_1,i_2}^\perp(t) = 0$$

对任意的 $t > T$，若以下结论成立，

$$\lim_{t \to \infty} p^l_{i_k, i_{k+1}}(t) = \rho \tag{2.24}$$

$$\lim_{t \to \infty} p^\perp_{i_k, i_{k+1}}(t) = 0 \tag{2.25}$$

则有

$$
\begin{aligned}
\dot{p}_{i_{k+1}, i_{k+2}}(t) &= v_{i_{k+1}}(t) - v_{i_{k+2}}(t) \\
&= v_l - v_l + \alpha(p^l_{i_k, i_{k+1}}(t) - \rho)e_l - \beta p^\perp_{i_k, i_{k+1}}(t)e_l^\perp \\
&\quad - \alpha(p^l_{i_{k+1}, i_{k+2}}(t) - \rho)e_l - \beta p^\perp_{i_{k+1}, i_{k+2}}(t)e_l^\perp \\
&= \varsigma_{i_k, i_{k+1}}(t) - \alpha(p^l_{i_{k+1}, i_{k+2}}(t) - \rho)e_l - \beta p^\perp_{i_{k+1}, i_{k+2}}(t)e_l^\perp
\end{aligned}
\tag{2.26}
$$

其中

$$\varsigma_{i_k, i_{k+1}}(t) = \alpha(p^l_{i_k, i_{k+1}}(t) - \rho)e_l - \beta p^\perp_{i_k, i_{k+1}}(t)e_l^\perp \tag{2.27}$$

根据公式 (2.24)、(2.25) 可得

$$\lim_{t \to \infty} \varsigma_{i_k, i_{k+1}}(t) = 0 \tag{2.28}$$

因此有

$$\dot{p}^l_{i_{k+1}, i_{k+2}}(t) = -\alpha(p_{i_{k+1}, i_{k+2}}(t) - \rho) + \langle \varsigma_{i_k, i_{k+1}}(t), e_l \rangle \tag{2.29}$$

$$\dot{p}^\perp_{i_{k+1}, i_{k+2}}(t) = -\beta p^\perp_{i_{k+1}, i_{k+2}}(t) + \langle \varsigma_{i_k, i_{k+1}}(t), e_l^\perp \rangle \tag{2.30}$$

根据公式 (2.28) 可得

$$\lim_{t \to \infty} p^l_{i_{k+1}, i_{k+2}}(t) = \rho, \ \lim_{t \to \infty} p^\perp_{i_{k+1}, i_{k+2}}(t) = 0$$

最后，通过数学归纳法可知，对于任意的 $k \in \underline{N-1}$，有

$$\lim_{t \to \infty} p^l_{i_k, i_{k+1}}(t) = \rho, \ \lim_{t \to \infty} p^\perp_{i_k, i_{k+1}}(t) = 0$$

因此，对任意的 $i \in \underline{N}$，有

$$\lim_{t \to \infty} v_{i, ca}(t) = 0, \ \lim_{t \to \infty} v^j_{i, lf}(t) = 0$$

进一步有

$$\lim_{t \to \infty} (v_i(t) - v_l) = 0$$

至此证毕。

2.4　算法仿真验证

本节分别针对智能体故障的情况和存在障碍物的情况对平面线形编队算法（算法 2-1）进行仿真验证。

2.4.1　智能体故障的情况

考虑二维平面中包含 5 个智能体的无人集群系统。每个智能体的避撞安全半径 $\delta_i = 0.2\mathrm{m}$。期望的编队行进速度 $v_l = \mathrm{col}(-0.12\mathrm{m/s}, 0.18\mathrm{m/s})$。智能体之间的期望距离 $\rho = 0.6\mathrm{m}$。

算法 2-1 取以下参数：$\alpha = 0.75$，$\beta = 0.75$，$\kappa_1 = 1.4$，$\kappa_2 = 0.04$。智能体的初始位置为：$p_1(0) = \mathrm{col}(-0.5\mathrm{m}, 1\mathrm{m})$，$p_2(0) = \mathrm{col}(0.1\mathrm{m}, 2\mathrm{m})$，$p_3(0) = \mathrm{col}(-1\mathrm{m}, 0.5\mathrm{m})$，$p_4(0) = \mathrm{col}(0.5\mathrm{m}, 1\mathrm{m})$，$p_5(0) = \mathrm{col}(1\mathrm{m}, 0.5\mathrm{m})$。

智能体的运动轨迹如图 2.1 所示，展示了线形编队的形成和保持过程。在 $t = 5\mathrm{s}$ 时，队列头部的智能体 2 发生故障停止运动，随后智能体 1 逐渐成为新的头部。在 $t = 22\mathrm{s}$ 时，智能体 2 故障恢复，集群个体重新形成编队。智能体间的最短距离如图 2.2 所示，表明智能体之间未发生碰撞。综上，上述仿真结果验证了算法 2-1 在智能体故障情况下的有效性。

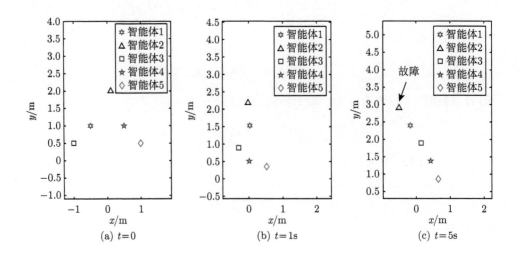

(a) $t = 0$　　　　　　　　　(b) $t = 1\mathrm{s}$　　　　　　　　　(c) $t = 5\mathrm{s}$

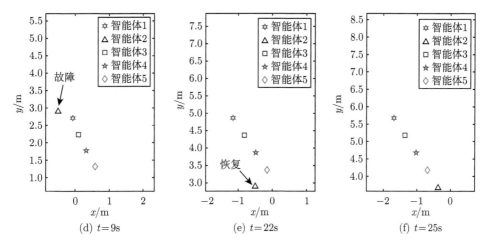

(d) $t=9\mathrm{s}$　　(e) $t=22\mathrm{s}$　　(f) $t=25\mathrm{s}$

图 2.1　故障情况下智能体的运动轨迹

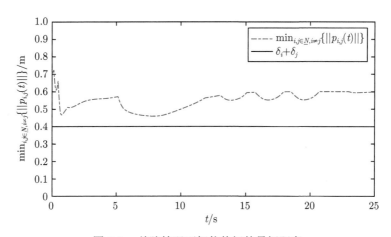

图 2.2　故障情况下智能体间的最短距离

2.4.2　存在障碍物的情况

考虑二维平面中包含 5 个智能体的无人集群系统。每个智能体的避撞安全半径 $\delta_i = 0.2\mathrm{m}$。平面内存在 1 个静止障碍物，其避撞安全半径 $\nu_i = 0.2\mathrm{m}$。期望的编队行进速度 $v_l = \mathrm{col}(-0.12~\mathrm{m/s}, 0.18\mathrm{m/s})$。智能体之间的期望距离 $\rho = 0.6\mathrm{m}$。

算法 2-1 取以下参数：$\alpha = 0.5$，$\beta = 0.5$，$\kappa_1 = 1.4$，$\kappa_2 = 0.04$。每个智能体的初始位置为：$p_1(0) = \mathrm{col}(-0.5\mathrm{m}, 1\mathrm{m})$，$p_2(0) = \mathrm{col}(0.1\mathrm{m}, 2\mathrm{m})$，$p_3(0) =$

$col(-1m, 0.5m)$，$p_4(0) = col(0.5m, 1m)$，$p_5(0) = col(1m, 0.5m)$。障碍物的位置为：$q_1(0) = col(-0.5m, 3m)$。

　　智能体的运动轨迹如图 2.3 所示，展示了线形编队的形成和保持过程。智能体与障碍物间的最短距离如图 2.4 所示，表明智能体与障碍物之间未发生碰撞。智能体间的最短距离如图 2.5 所示，表明智能体之间未发生碰撞。综上，上述仿真结果验证了算法 2-1 在存在障碍物情况下的有效性。

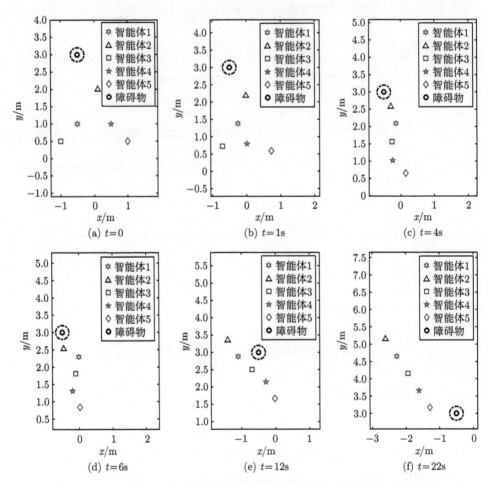

图 2.3　存在障碍物的情况下智能体的运动轨迹

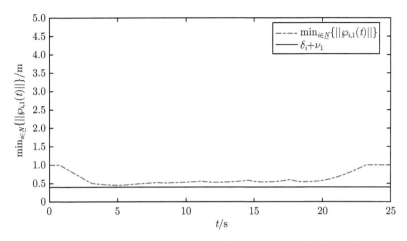

图 2.4   存在障碍物的情况下智能体与障碍物之间的最短距离

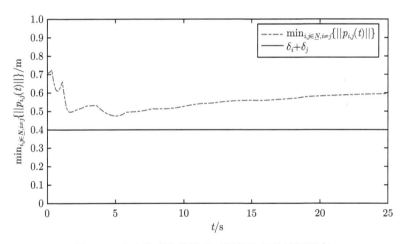

图 2.5   存在障碍物的情况下智能体间的最短距离

2.5   算法实物验证

本节采用第一章所述的室内集群高精度定位与动作捕捉验证平台以及 UGV 集群系统验证算法 2-1。考虑包含 4 个智能车的无人集群系统。每个智能车的避撞安全半径 $\delta_i = 0.15\text{m}$。平面内存在 2 个静止障碍物,其避撞安全半径 $\nu_i = 0.15\text{m}$。期望的编队行进速度 $v_l = \text{col}(0.12\text{m/s}, 0\text{m/s})$。相邻智能车之间的期望距离 $\rho = 0.6\text{m}$。

算法 2-1 取以下参数:$\alpha = 0.4$,$\beta = 0.4$,$\kappa_1 = 1.5$,$\kappa_2 = 0.1$。每个智

能车的初始位置为：$p_1(0) = \mathrm{col}(-0.9\mathrm{m}, -0.3\mathrm{m})$，$p_2(0) = \mathrm{col}(-2.3\mathrm{m}, -0.3\mathrm{m})$，$p_3(0) = \mathrm{col}(-0.6\mathrm{m}, 0.3\mathrm{m})$，$p_4(0) = \mathrm{col}(-1.8\mathrm{m}, 0.3\mathrm{m})$。障碍物的位置为：$q_1(0) = \mathrm{col}(0.6\mathrm{m}, 0.6\mathrm{m})$，$q_2(0) = \mathrm{col}(1.5\mathrm{m}, -0.6\mathrm{m})$。智能车的运动轨迹如图 2.6 所示，展

(a) $t=0$

(b) $t=3\mathrm{s}$

(c) $t=7\mathrm{s}$

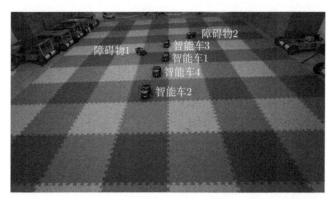

(d) $t=13$s

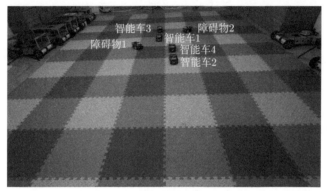

(e) $t=20$s

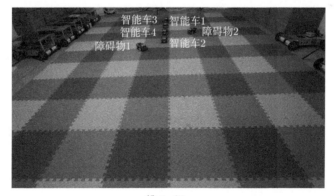

(f) $t=34$s

图 2.6 智能车的运动轨迹（后附彩图）

示了线形编队的形成和保持过程，验证了算法 2-1 在实际应用场景中的有效性。

第 3 章　空间线形编队控制

本章将第 2 章基于动态领随链路的无人集群系统平面线形自组织编队控制算法推广至空间无人集群系统。

3.1　问 题 描 述

考虑三维空间内由 N 个智能体组成的无人集群系统。对 $i \in \underline{N}$，智能体 i 的运动方程如下：

$$\dot{p}_i(t) = v_i(t) \tag{3.1}$$

其中 $p_i(t), v_i(t) \in \mathbb{R}^3$ 分别表示智能体 i 在 t 时刻的位置和速度。在本章中，$v_i(t)$ 作为智能体 i 的控制输入。令 $\delta_i > 0$ 表示智能体 i 的避撞安全半径。

假定平面内存在 M 个静止或移动的障碍物。对 $i \in \underline{M}$，障碍物 i 的运动方程如下：

$$\dot{q}_i(t) = u_i(t) \tag{3.2}$$

其中 $q_i(t), u_i(t) \in \mathbb{R}^3$ 表示障碍物 i 在 t 时刻的位置和速度。当 $u_i(t) \equiv 0$ 时，障碍物 i 为静止障碍物，否则为移动障碍物。令 $\nu_i > 0$ 表示障碍物 i 的避撞安全半径。

令 $v_l \in \mathbb{R}^3$ 表示期望的编队行进速度，则期望的编队前进方向为

$$e_l = \mathbf{o}(v_l) \tag{3.3}$$

取 $e_l^{\perp 1}, e_l^{\perp 2} \in \mathbb{R}^3$ 满足 $e_l, e_l^{\perp 1}, e_l^{\perp 2}$ 两两垂直。显然，$e_l^{\perp 1}, e_l^{\perp 2}$ 的取法并不唯一。

为便于记述，定义以下变量。

- 对任意的 $i, j \in \underline{N}$，

$$p_{i,j}(t) = p_i(t) - p_j(t)$$

$$p_{i,j}^{l}(t) = \langle p_{i,j}(t), e_l \rangle$$

$$p_{i,j}^{\perp 1}(t) = \langle p_{i,j}(t), e_l^{\perp 1} \rangle$$

$$p_{i,j}^{\perp 2}(t) = \langle p_{i,j}(t), e_l^{\perp 2} \rangle \tag{3.4}$$

- 对任意的 $i \in \underline{N}$ 且 $j \in \underline{M}$,

$$\wp_{i,j}(t) = p_i(t) - q_j(t) \tag{3.5}$$

基于上述定义,本章考虑的无人集群系统线形编队任务可严格描述如下。

问题 3.1 给定系统 (3.1) 与 (3.2),为每个智能体设计控制输入 $v_i(t)$,在以下初始条件下:

- 智能体间距:对任意的 $i, j \in \underline{N}, i \neq j$,

$$\|p_{i,j}(0)\| \geqslant \delta_i + \delta_j$$

- 智能体与障碍物间距:对任意的 $i \in \underline{N}, j \in \underline{M}$,

$$\|\wp_{i,j}(0)\| \geqslant \delta_i + \nu_j$$

实现下列控制目标:

(1) 避撞目标

- 智能体之间避撞:对任意的 $t > 0, i, j \in \underline{N}, i \neq j$,

$$\|p_{i,j}(t)\| \geqslant \delta_i + \delta_j$$

- 智能体与障碍物之间避撞:对任意的 $t > 0, i \in \underline{N}, j \in \underline{M}$,

$$\|\wp_{i,j}(t)\| \geqslant \delta_i + \nu_j$$

(2) 编队目标

- 速度匹配:对于任意的 $i \in \underline{N}$,

$$\lim_{t \to \infty} (v_i(t) - v_l) = 0$$

- 线形列队：对于任意的 $i,j \in \underline{N}, i \neq j$,

$$\lim_{t \to \infty} p_{i,j}^{\perp 1}(t) = 0, \ \lim_{t \to \infty} p_{i,j}^{\perp 2}(t) = 0$$

- 间隔相等：集合 $\underline{N}$ 中的所有元素形成首尾序列 $(i_1, i_2, \ldots, i_N)$，其中 $i_k \in \underline{N}$，使得对于任意的 $k \in \underline{N-1}$，满足

$$\lim_{t \to \infty} p_{i_k,i_{k+1}}^{l}(t) = \rho$$

此处，$\rho > 0$ 表示相邻智能体之间的期望距离。

注 3.1　与第二章类似，为了避免编队目标与避撞目标冲突，ρ 需要满足对任意的 $i,j \in \underline{N}, i \neq j$,

$$\rho \geqslant \max_{i,j \in \underline{N}, i \neq j} \{\kappa(\delta_i + \delta_j)\}, \ \kappa > 1 \tag{3.6}$$

3.2　控制算法设计及主要结论

首先，定义下列函数。

- 故障标记函数 $\Gamma_i(t)$：若智能体 i 在 t 时刻正常工作，则 $\Gamma_i(t) = 1$；否则 $\Gamma_i(t) = 0$。
- 队列头部标记函数 $\Lambda_i(t)$：若智能体 i 在 t 时刻为队列头部，则 $\Lambda_i(t) = 1$；否则 $\Lambda_i(t) = 0$。
- 领导者标记函数 $\Phi_i(t)$：若智能体 i 在 t 时刻存在领导者，则 $\Phi_i(t) > 0$；否则 $\Phi_i(t) = 0$。
- 跟随者标记函数 $\Delta_i(t)$：若智能体 i 在 t 时刻存在跟随者，则 $\Delta_i(t) = 1$；否则 $\Delta_i(t) = 0$。

其次，设计领随速度如下。若智能体 i 的领导者为智能体 j，则智能体 j 对智能体 i 的领随速度 $v_{i,lf}^{j}(t)$ 为

$$v_{i,lf}^{j}(t) = \alpha(p_{j,i}^{l}(t) - \rho)e_l + \beta_1 p_{j,i}^{\perp}(t)e_l^{\perp 1} + \beta_2 p_{j,i}^{\perp}(t)e_l^{\perp 2} \tag{3.7}$$

其中，$\alpha > 0$ 表示进向增益，$\beta_1 > 0$ 表示第一垂向增益，$\beta_2 > 0$ 表示第二垂向增益。

为了避免智能体之间以及智能体与障碍物之间的碰撞，设计避撞速度 $v_{i,ca}(t)$ 如下：

$$v_{i,ca}(t) = \mathcal{D}(\theta_{i1}(t), \theta_{i2}(t), \theta_{i3}(t))\bar{v}_{i,ca}(t)$$

$$\bar{v}_{i,ca}(t) = \sum_{j=1,j\neq i}^{N} \mathbf{o}(p_{i,j}(t))\zeta(\|p_{i,j}(t)\|, \delta_i + \delta_j)$$
$$+ \sum_{j=1}^{M} \mathbf{o}(\wp_{i,j}(t))\zeta(\|\wp_{i,j}(t)\|, \delta_i + \nu_j) \quad (3.8)$$

其中，$\theta_{i1}(t), \theta_{i2}(t), \theta_{i3}(t) \in (0.8, 1.2)$ 为随机变量，避撞斥力函数 ζ 的具体形式与 (2.10) 相同。

注 3.2 在上一章中，通过引入随机方向矩阵 $\mathbf{R}(\theta_i(t))$ 来避免发生位置死锁。在本章中，随机方向矩阵简化为随机对角矩阵 $\mathcal{D}(\theta_{i1}(t), \theta_{i2}(t), \theta_{i3}(t))$。

最后，定义 t 时刻无人集群系统的跨度 $\ell(t)$ 为

$$\ell(t) = \max_{i,j\in\underline{N}}\{\|p_{i,j}(t)\|\}. \quad (3.9)$$

基于上述定义，无人集群系统空间线形编队算法如算法 3-1 所示，其具体流程与算法 2-1 相同，故不再赘述。

算法 3-1 空间线形编队算法

1: 输入：$p_1(t), \ldots, p_N(t)$

2: 输出：$v_1(t), \ldots, v_N(t)$

3: **for** $(i = 1; i \leqslant N; i = i + 1)$ **do**

4:     $\Lambda_i(t) = 1, \Phi_i(t) = 0, \Delta_i(t) = 0, v_i(t) = 0, \sigma_i(t) = \ell(t)$

5: **for** $(i = 1; i \leqslant N; i = i + 1)$ **do**

6:     **if** $\Gamma_i(t) = 1$ **then**

7:         **for** $(j = 1; j \leqslant N; j \neq i, j = j + 1)$ **do**

8:             **if** $p_{j,i}^l(t) > 0$ & $\Gamma_j(t) = 1$ **then**

9:                 $\Lambda_i(t) = 0$

10:                 **if** $\Delta_j(t) = 0$ & $\sigma_i(t) > \|p_{j,i}(t)\|$ **then**

11:                     $\sigma_i(t) = \|p_{j,i}(t)\|, \Phi_i(t) = j$

12:         **if** $\Lambda_i(t) = 1$ **then**

13:           **if** $i = 1$ **then**
14:               $v_i(t) = v_l + v_{i,ca}(t)$
15:           **else if** $\Lambda_1(t) \vee \Lambda_2(t) \vee \cdots \vee \Lambda_{i-1}(t) = 0$ **then**
16:               $v_i(t) = v_l + v_{i,ca}(t)$
17:           **if** $\Phi_i(t) > 0$ **then**
18:               $\Delta_{\Phi_i(t)}(t) = 1, \ v_i(t) = v_l + v_{i,lf}^{\Phi_i(t)}(t) + v_{i,ca}(t).$

对于算法 3-1，其主要结论如下。

定理 3.1　在假设 2.1 与 2.2 下，在算法 3-1 下，智能体间不会发生碰撞。

定理 3.2　在假设 2.1 与 2.2 下，在算法 3-1 下，智能体可以实现编队目标。

定理 3.1、3.2 的证明分别与定理 2.1、2.2 的证明类似，故不再赘述。

3.3　算法仿真验证

本节分别针对智能体故障的情况和存在障碍物的情况对空间线形编队算法（算法 3-1）进行仿真验证。

3.3.1　智能体故障的情况

考虑三维空间中包含 4 个智能体的无人集群系统。每个智能体的避撞安全半径 $\delta_i = 0.18\mathrm{m}$。期望的编队行进速度 $v_l = \mathrm{col}(0.24\mathrm{m/s}, 0.24\mathrm{m/s}, 0.09\mathrm{m/s})$。智能体之间的期望距离 $\rho = 0.27\mathrm{m}$。

算法 3-1 取以下参数：$\alpha = 0.75, \beta_1 = 0.75, \beta_2 = 0.75, \kappa_1 = 1.8, \kappa_2 = 0.05$。每个智能体的初始位置为：$p_1(0) = \mathrm{col}(0.9\mathrm{m}, -1.2\mathrm{m}, 0.8\mathrm{m}), p_2(0) = \mathrm{col}(-0.3\mathrm{m}, -1.2\mathrm{m}, 0.4\mathrm{m})$，$p_3(0) = \mathrm{col}(-0.9\mathrm{m}, 0, 0.5\mathrm{m})$，$p_4(0) = \mathrm{col}(0.6\mathrm{m}, 0, 0.6\mathrm{m})$，

智能体的运动轨迹如图 3.1 所示，展示了线形编队的形成和保持过程。在 $t = 7\mathrm{s}$ 时，队列头部的智能体 4 发生故障停止运动，随后智能体 1 成为新的头部。在 $t = 14\mathrm{s}$ 时，智能体 4 故障消除，恢复正常工作，重新加入编队。智能体间的最短距离如图 3.2 所示，表明智能体之间未发生碰撞。综上，上述仿真结果验证了算法 3-1 在智能体故障情况下的有效性。

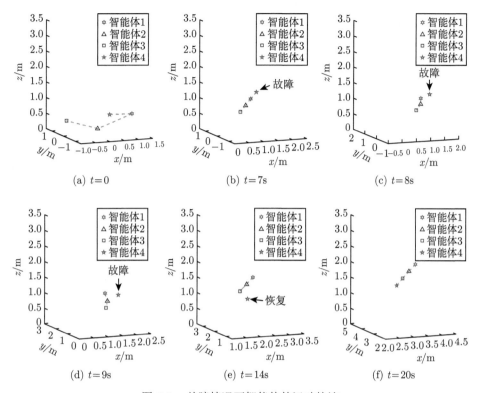

图 3.1　故障情况下智能体的运动轨迹

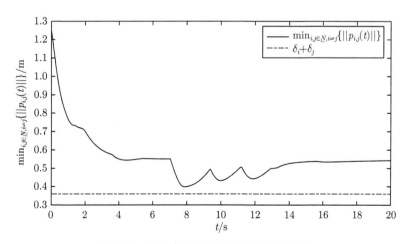

图 3.2　故障情况下智能体间的最短距离

3.3.2 存在障碍物的情况

考虑三维空间中包含 4 个智能体的无人集群系统。每个智能体的避撞安全半径 $\delta_i = 0.18$m。空间内存在 1 个静止障碍物，其避撞安全半径 $\nu_i = 0.2$m。期望的编队行进速度 $v_l = \text{col}(0.24\text{m/s}, 0.24\text{m/s}, 0.09\text{m/s})$。智能体之间的期望距离 $\rho = 0.27$m。

算法 3-1 取以下参数：$\alpha = 0.75$，$\beta_1 = 0.75$，$\beta_2 = 0.75$，$\kappa_1 = 1.8$，$\kappa_2 = 0.05$。每个智能体的初始位置为：$p_1(0) = \text{col}(0.9\text{m}, -1.2\text{m}, 0.8\text{m})$，$p_2(0) = \text{col}(-0.3\text{m}, -1.2\text{m}, 0.4\text{m})$，$p_3(0) = \text{col}(-0.9\text{m}, 0, 0.5\text{m})$，$p_4(0) = \text{col}(0.6\text{m}, 0, 0.6\text{m})$，障碍物的位置为：$q_1(0) = \text{col}(1.2\text{m}, 0.9\text{m}, 0.9\text{m})$。

智能体的运动轨迹如图 3.3 所示，展示了线形编队的形成和保持过程。智能体与障碍物间的最短距离如图 3.4 所示，表明智能体与障碍物之间未发生碰撞。智能体间的最短距离如图 3.5 所示，表明智能体之间未发生碰撞。综上，上述仿真结果验证了算法 3-1 在存在障碍物情况下的有效性。

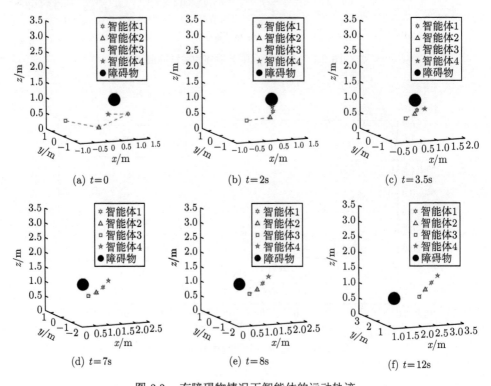

图 3.3   有障碍物情况下智能体的运动轨迹

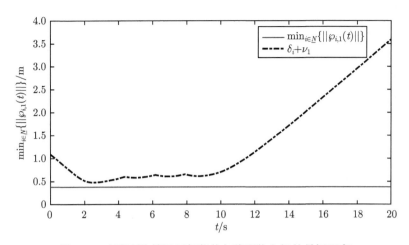

图 3.4 有障碍物情况下智能体与障碍物之间的最短距离

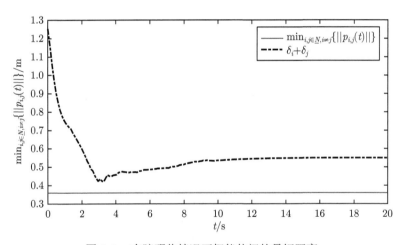

图 3.5 有障碍物情况下智能体间的最短距离

3.4 算法实物验证

本节采用第一章所述的室内集群高精度定位与动作捕捉验证平台以及 UAV 集群系统验证算法 3-1。

3.4.1 智能体故障的情况

考虑包含 4 个无人机的无人集群系统。每个无人机的避撞安全半径 $\delta_i = 0.18\text{m}$。期望的编队行进速度 $v_l = \text{col}(0.05\text{m/s}\ 0.05\text{m/s}, 0)$，相邻无人机之间的期望距离 $\rho = 0.6\text{m}$。

算法 3-1 取以下参数：$\alpha=0.2$，$\beta_1=0.4$，$\beta_2=0.4$，$\kappa_1=1.6$，$\kappa_2=0.04$。每个智能体的初始位置为：$p_1(0)=\mathrm{col}(0.6\mathrm{m}, 0, 0.7\mathrm{m})$，$p_2(0)=\mathrm{col}(-1.2\mathrm{m}, -1.2\mathrm{m}, 0.3\mathrm{m})$，$p_3(0)=\mathrm{col}(-1.8\mathrm{m}, -0.6\mathrm{m}, 0.5\mathrm{m})$，$p_4(0)=\mathrm{col}(-0.6\mathrm{m}, 0.6\mathrm{m}, 0.6\mathrm{m})$。

无人机的运动轨迹如图 3.6 所示，展示了线形编队的形成和保持过程。在

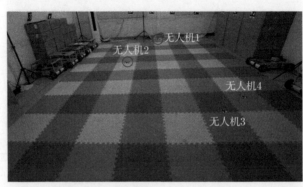

(a) $t=0$

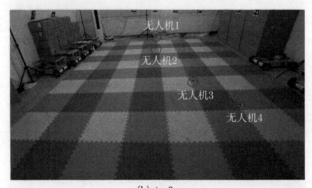

(b) $t=3\mathrm{s}$

(c) $t=7\mathrm{s}$

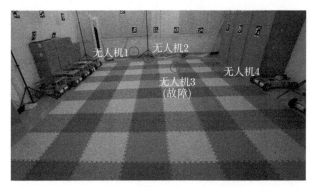

(d) t=14s

(e) t=21s

(f) t=25s

图 3.6 故障情况下无人机的运动轨迹（后附彩图）

$t = 14s$ 时，无人机 3 发生故障停止运动，无人机 4 绕过故障智能体。在 $t = 21s$ 时，无人机 3 故障消除，恢复正常工作，重新加入编队。上述结果验证了算法 3-1 在实际应用场景中的有效性。

3.4.2   存在障碍物的情况

考虑包含 4 个无人机的无人集群系统。每个无人机的避撞安全半径 $\delta_i = 0.18\text{m}$。平面内存在 1 个静止障碍物，其避撞安全半径 $\nu_i = 0.2\text{m}$。期望的编队行进速度 $v_l = \text{col}(0.042\text{m/s}\ 0.042\text{m/s},\ 0.003\text{m/s})$。相邻无人机之间的期望距离 $\rho = 0.6\text{m}$。

算法 3-1 取以下参数：$\alpha = 0.2$，$\beta_1 = 0.4$，$\beta_2 = 0.4$，$\kappa_1 = 1.8$，$\kappa_2 = 0.05$。每个无人机的初始位置为：$p_1(0) = \text{col}(0, -1.2\text{m}, 0.5\text{m})$，$p_2(0) = \text{col}(-1.2\text{m}, -1.2\text{m}, 0.5\text{m})$，$p_3(0) = \text{col}(-1.8\text{m}, 0, 0.5\text{m})$，$p_4(0) = \text{col}(-0.3\text{m}, 0, 0.5\text{m})$。

障碍物的位置为：$q_1(0) = \text{col}(0.3\text{m}, 0.9\text{m}, 0.55\text{m})$。

无人机的运动轨迹如图 3.7 所示，展示了线形编队的形成和保持过程，验证了算法 3-1 在实际应用场景中的有效性。

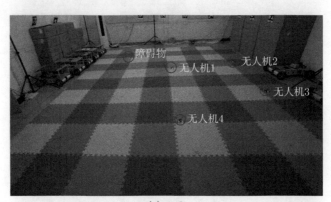

(a) $t=0$

(b) $t=6\text{s}$

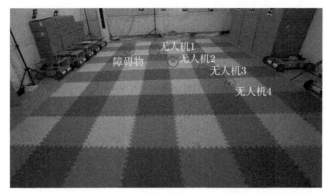

(c) $t=10$s

(d) $t=13$s

(e) $t=31$s

(f) $t=37\mathrm{s}$

图 3.7 有障碍物情况下无人机的运动轨迹（后附彩图）

第 4 章 平面楔形编队控制

与线形编队类似，楔形编队也是常见的无人集群系统编队方式。然而在方法上，楔形编队需要两条领随链路，因此相较线形编队更加复杂。本章将介绍面向楔形编队的动态多领随链路生成方法，以及基于动态多领随链路的无人集群系统平面楔形自组织编队控制算法。

4.1 问 题 描 述

考虑二维平面内由 N 个智能体组成的无人集群系统。对 $i \in \underline{N}$，智能体 i 的运动方程如下：

$$\dot{p}_i(t) = v_i(t) \tag{4.1}$$

其中 $p_i(t), v_i(t) \in \mathbb{R}^2$ 分别表示智能体 i 在 t 时刻的位置和速度。在本章中，$v_i(t)$ 作为智能体 i 的控制输入。令 $\delta_i > 0$ 表示智能体 i 的避撞安全半径。

假定平面内存在 M 个静止或移动的障碍物。对 $i \in \underline{M}$，障碍物 i 的运动方程如下：

$$\dot{q}_i(t) = u_i(t) \tag{4.2}$$

其中 $q_i(t), u_i(t) \in \mathbb{R}^2$ 表示障碍物 i 在 t 时刻的位置和速度。当 $u_i(t) \equiv 0$ 时，障碍物 i 为静止障碍物，否则为移动障碍物。令 $\nu_i > 0$ 表示障碍物 i 的避撞安全半径。

令 $v_w \in \mathbb{R}^2$ 表示期望的编队行进速度，则期望的编队前进方向为

$$e_w = \mathbf{o}(v_w) \tag{4.3}$$

将 e_w 逆时针旋转 $\pi/2$ 弧度得到与期望的编队前进方向垂直的方向向量为

$$e_w^\perp = \mathbf{R}(\pi/2)\mathbf{o}(v_w) \tag{4.4}$$

假定楔形编队的左翼、右翼与 e_w 的夹角均为 θ，进一步定义左翼方向向量为:

$$e_l = \mathbf{R}(-\theta)e_w \tag{4.5}$$

左翼方向垂向向量为

$$e_l^\perp = \mathbf{R}(\pi/2)e_l \tag{4.6}$$

右翼方向向量为

$$e_r = \mathbf{R}(\theta)e_w \tag{4.7}$$

右翼方向垂向向量为

$$e_r^\perp = \mathbf{R}(\pi/2)e_r \tag{4.8}$$

为便于记述，定义以下变量。

• 对任意的 $i, j \in \underline{N}$，

$$
\begin{aligned}
p_{i,j}(t) &= p_i(t) - p_j(t) \\
p_{i,j}^w(t) &= \langle p_{i,j}(t), e_w \rangle \\
p_{i,j}^{w\perp}(t) &= \langle p_{i,j}(t), e_w^\perp \rangle \\
p_{i,j}^l(t) &= \langle p_{i,j}(t), e_l \rangle \\
p_{i,j}^r(t) &= \langle p_{i,j}(t), e_r \rangle \\
p_{i,j}^{l\perp}(t) &= \langle p_{i,j}(t), e_l^\perp \rangle \\
p_{i,j}^{r\perp}(t) &= \langle p_{i,j}(t), e_r^\perp \rangle
\end{aligned}
\tag{4.9}
$$

• 对任意的 $i \in \underline{N}$ 且 $j \in \underline{M}$，

$$\wp_{i,j}(t) = p_i(t) - q_j(t) \tag{4.10}$$

基于上述定义，本章考虑的无人集群系统楔形编队任务可严格描述如下。

问题 4.1   给定系统 (4.1) 与 (4.2)，为每个智能体设计控制输入 $v_i(t)$，在以下初始条件下:

- 智能体间距：对任意的 $i, j \in \underline{N}, i \neq j$,

$$\|p_{i,j}(0)\| \geqslant \delta_i + \delta_j$$

- 智能体与障碍物间距：对任意的 $i \in \underline{N}, j \in \underline{M}$,

$$\|\wp_{i,j}(0)\| \geqslant \delta_i + \nu_j$$

实现下列控制目标：

（1）避撞目标

- 智能体之间避撞：对任意的 $t > 0, i, j \in \underline{N}, i \neq j$,

$$\|p_{i,j}(t)\| \geqslant \delta_i + \delta_j$$

- 智能体与障碍物之间避撞：对任意的 $t > 0, i \in \underline{N}, j \in \underline{M}$,

$$\|\wp_{i,j}(t)\| \geqslant \delta_i + \nu_j$$

（2）编队目标

- 速度匹配：对于任意的 $i \in \underline{N}$,

$$\lim_{t \to \infty} (v_i(t) - v_w) = 0$$

- 数量分配：令 $\mathbb{Q}_l$ 表示左翼智能体标签集合，$\mathbb{Q}_r$ 表示右翼智能体标签集合，二者满足

$$\mathbb{Q}_l \cup \mathbb{Q}_r = \underline{N}, \ \mathbf{C}(\mathbb{Q}_l \cap \mathbb{Q}_r) = 1, \ |\mathbf{C}(\mathbb{Q}_l) - \mathbf{C}(\mathbb{Q}_r)| \leqslant 1$$

- 楔形列队：对任意的 $i, j \in \mathbb{Q}_l$, $i \neq j$, 满足

$$\lim_{t \to \infty} p_{i,j}^{l\perp}(t) = 0$$

对任意的 $i, j \in \mathbb{Q}_r$, $i \neq j$, 满足

$$\lim_{t \to \infty} p_{i,j}^{r\perp}(t) = 0$$

• 间隔相等：集合 $\mathbb{Q}_l$ 中的所有元素形成首尾序列 $(i_1^l, i_2^l, \ldots, i_{\mathbf{C}(\mathbb{Q}_l)}^l)$，其中 $i_k^l \in \mathbb{Q}_l$，使得对于任意的 $k \in \underline{\mathbf{C}(\mathbb{Q}_l) - 1}$，满足

$$\lim_{t\to\infty} p_{i_k^l, i_{k+1}^l}^l(t) = \rho$$

集合 $\mathbb{Q}_r$ 中的所有元素形成首尾序列 $(i_1^r, i_2^r, \ldots, i_{\mathbf{C}(\mathbb{Q}_r)}^r)$，其中 $i_k^r \in \mathbb{Q}_r$，使得对于任意的 $k \in \underline{\mathbf{C}(\mathbb{Q}_r) - 1}$，满足

$$\lim_{t\to\infty} p_{i_k^r, i_{k+1}^r}^r(t) = \rho$$

此处，$\rho > 0$ 表示相邻智能体之间的期望距离。

注 4.1　在问题 4.1 的描述中，$\mathbf{C}(\mathbb{Q}_l \cap \mathbb{Q}_r) = 1$ 表示队列头部同时属于楔形编队的左翼与右翼。此外，$|\mathbf{C}(\mathbb{Q}_l) - \mathbf{C}(\mathbb{Q}_r)| \leqslant 1$ 表示楔形两翼个体数量近似平均分配。具体地，当 N 为奇数时，两翼个体数量相等；当 N 为偶数时，两翼个体数量之差为 1。

注 4.2　与线形编队类似，楔形编队两翼的首尾序列也不依赖于智能体的序号。

注 4.3　夹角 θ 需要满足 $\theta \geqslant \pi/6$。此时，距离队列头部最近的左、右翼智能体之间的期望距离大于或等于 ρ，因此满足二者之间的斥力为零。

4.2　控制算法设计及主要结论

本节将介绍基于动态多领随链路的无人集群系统平面楔形编队控制算法。首先，定义下列函数。

• 故障标记函数 $\Gamma_i(t)$：若智能体 i 在 t 时刻正常工作，则 $\Gamma_i(t) = 1$；否则 $\Gamma_i(t) = 0$。

• 角色标记函数 $\Lambda_i(t)$：若智能体 i 在 t 时刻为左翼成员，则 $\Lambda_i(t) = -1$；若智能体 i 在 t 时刻为右翼成员，则 $\Lambda_i(t) = 1$；若智能体 i 在 t 时刻为队列头部，则 $\Lambda_i(t) = 2$；否则 $\Lambda_i(t) = 0$。

• 领导者标记函数 $\Phi_i(t)$：若智能体 i 在 t 时刻存在领导者，则 $\Phi_i(t) > 0$；否则 $\Phi_i(t) = 0$。

• 跟随者标记函数 $\Delta_i(t)$：若智能体 i 在 t 时刻存在左翼跟随者，则 $\Delta_i(t) =$

-1；若智能体 i 在 t 时刻存在右翼跟随者，则 $\Delta_i(t) = 1$；若智能体 i 在 t 时刻存在两翼跟随者，则 $\Delta_i(t) = 2$；否则 $\Delta_i(t) = 0$。

其次，设计领随速度如下。假定智能体 i 的领导者为智能体 j。若智能体 i 属于编队的左翼，则智能体 j 对智能体 i 的领随速度 $v_{i,lf}^{j,l}(t)$ 为

$$v_{i,lf}^{j,l}(t) = \alpha(p_{j,i}^l(t) - \rho)e_l + \beta p_{j,i}^{l\perp}(t)e_l^\perp \tag{4.11}$$

其中，$\alpha > 0$ 表示进向增益，$\beta > 0$ 表示垂向增益。若智能体 i 属于编队的右翼，则智能体 j 对智能体 i 的领随速度 $v_{i,lf}^{j,r}(t)$ 为

$$v_{i,lf}^{j,r}(t) = \alpha(p_{j,i}^r(t) - \rho)e_r + \beta p_{j,i}^{r\perp}(t)e_r^\perp \tag{4.12}$$

接下来，为了避免智能体之间以及智能体与障碍物之间的碰撞，设计避撞速度 $v_{i,ca}(t)$ 如下：

$$
\begin{aligned}
v_{i,ca}(t) &= \mathbf{R}(\theta_i(t))\bar{v}_{i,ca}(t) \\
\bar{v}_{i,ca}(t) &= \sum_{j=1,j\neq i}^N \mathbf{o}(p_{i,j}(t))\zeta(\|p_{i,j}(t)\|, \delta_i + \delta_j) \\
&\quad + \sum_{j=1}^M \mathbf{o}(\wp_{i,j}(t))\zeta(\|\wp_{i,j}(t)\|, \delta_i + \nu_j)
\end{aligned}
\tag{4.13}
$$

其中，$\theta_i(t) \in (-\pi/2, \pi/2)$ 为随机变量，避撞斥力函数 ζ 的具体形式与函数 (2.10) 相同。最后，定义 t 时刻无人集群系统的跨度 $\ell(t)$ 为

$$\ell(t) = \max_{i,j\in \underline{N}}\{\|p_{i,j}(t)\|\}. \tag{4.14}$$

基于上述定义，首先介绍平面楔形编队智能体角色分配算法如算法 4-1 所示。定义队列头部标签函数 $I(t)$，并初始化为零；定义非队列头部（包括并列头部）且正常工作的智能体的数量函数 $U(t)$，并初始化为零。接下来，将每个智能体的角色标记函数初始化为 $\Lambda_i(t) = 2$，即所有智能体均标记为队列头部。另外，定义智能体 i 前进方向左侧非队列头部（包括并列头部）且正常工作的智能体数量函数 $L_i(t)$，并初始化为零。在第一轮循环中，正常工作的智能体参与判断。具体地，若智能体 i 在编队前进方向上有位置领先于自身的其他智能体，则其角色标记函数

重置为零。若经过一轮循环，没有其他智能体的位置在编队前进方向上领先于智能体 i，则智能体 i 的角色标记函数保持为 2。接下来，若有多个智能体并列位于编队的头部，则选择标签最小的作为队列头部。这里值得注意的是，其他并列队列头部的智能体的角色标签仍保持为 2，在该时刻不参与角色分配。第二轮循环统计非队列头部（包括并列头部）且正常工作的智能体的数量函数 $U(t)$。在第三轮循环中，根据位置将判断非队列头部（包括并列头部）且正常工作的智能体分配到编队左、右翼。考虑从队列头部到非队列头部（包括并列头部）且正常工作的智能体的向量在 $e_w^\perp$ 方向上的投影。若智能体 j 的投影大于智能体 i 的投影，说明智能体 j 在智能体 i 的左侧。若智能体 j 的投影等于智能体 i 的投影，则以距离的远近为标准：距离队列头部更近的个体记为左侧。若智能体 i 左侧智能体的数量 $L_i(t)$ 小于 $U/2$，则智能体 i 分配至编队左翼；否则分配至编队右翼。

算法 4-1 平面楔形编队智能体角色分配算法

1: 输入：$p_1(t), \ldots, p_N(t)$

2: 输出：$\Lambda_1(t), \ldots, \Lambda_N(t)$

3: $I(t) = 0$, $U(t) = 0$

4: **for** $(i = 1; i \leqslant N; i = i + 1)$ **do**

5:    $\Lambda_i(t) = 2$, $L_i(t) = 0$

6: **for** $(i = 1; i \leqslant N; i = i + 1)$ **do**

7:    **if** $\Gamma_i(t) = 1$ **then**

8:       **for** $(j = 1; j \leqslant N; j \neq i; j = j + 1)$ **do**

9:          **if** $p_{j,i}^w(t) > 0$ & $\Gamma_j(t) = 1$ **then**

10:             $\Lambda_i(t) = 0$

11:       **if** $\Lambda_i(t) = 2$ **then**

12:          **if** $i = 1$ **then**

13:             $I(t) = i$

14:          **else if** $\Lambda_1(t) \vee \Lambda_2(t) \vee \cdots \vee \Lambda_{i-1}(t) = 0$ **then**

15:             $I(t) = i$

16: **for** $(i = 1; i \leqslant N; i = i + 1)$ **do**

17:    **if** $\Lambda_i(t) = 0$ **then**

18:       $U(t) = U(t) + 1$

19: **for** $(i = 1; i \leqslant N; i = i + 1)$ **do**

20: **if** $\Lambda_i(t) = 0$ **then**

21:   **for** $(j = 1; j \leqslant N; j \neq i; \Lambda_j(t) = 0; j = j + 1)$ **do**

22:    **if** $p_{i,I(t)}^{w\perp}(t) < p_{j,I(t)}^{w\perp}(t)$ **then**

23:     $L_i(t) = L_i(t) + 1$

24:    **else if** $p_{i,I(t)}^{w\perp}(t) = p_{j,I(t)}^{w\perp}(t) \ \& \ \|p_{j,I(t)}\| < \|p_{i,I(t)}\|$ **then**

25:     $L_i(t) = L_i(t) + 1$

26:   **if** $L_i(t) < U(t)/2$ **then**

27:    $\Lambda_i(t) = -1$

28:   **else**

29:    $\Lambda_i(t) = 1$

  注 4.4 算法 4-1 中的智能体角色两翼分配方案可以按照以下方法拓展至多翼的情形：将 $p_{i,I(t)}^{w,\perp}$ 按照从小到大的顺序进行排列，如果存在相等的情况，则按照 $\|p_{i,I(t)}\|$ 从小到大的顺序排列。根据翼的数量决定每翼智能体的数量，并按照上述标签序列对智能体的角色进行划分。例如，若翼的数量为 3，则取标签序列中前 $U(t)/3$（可向上或向下取整）个智能体作为左翼个体，取标签序列中 $U(t)/3$（可向上或向下取整）个智能体作为中翼个体，其余为右翼个体。

  基于算法 4-1，接下来介绍平面楔形编队算法（算法 4-2）。首先，对所有智能体的标记函数进行初始化：设置领导者标记函数 $\Phi_i(t)$ 为零，跟随者标记函数 $\Delta_i(t)$ 为零，速度为零，定义个体距离函数 $\sigma_i(t)$ 并设置为无人集群系统的跨度。接下来，分别对智能体 i 为队列头部（$i = I(t)$），编队左翼（$\Lambda_i(t) = -1$），编队右翼（$\Lambda_i(t) = -1$）的情况进行讨论。值得注意的是，根据算法 4-1，上述三个条件的隐含条件为 $\Gamma_i(t) = 1$，因此不需要额外对此条件进行判断。另外，对于其他并列头部也不进行讨论，其速度设置为零。当智能体 i 为队列头部时，设置 $v_i(t) = v_w + v_{i,ca}(t)$，其编队速度为编队期望速度 v_w。当智能体 i 为编队左翼时，遍历其余智能体。若其为队列头部，且没有左翼跟随者，且与智能体 i 的距离小于当前智能体 i 的距离函数 $\sigma(t)$，更新智能体 i 的领导者及其距离函数；若其为编队左翼，且没有左翼跟随者，且与智能体 i 的距离小于当前智能体 i 的距离函数 $\sigma(t)$，更新智能体 i 的领导者及其距离函数。根据上述循环，智能体 i 在编队左翼智能体中找到距离自身最近且无左翼跟随者的智能体作为领导者，并更新速度为 $v_i(t) = v_l + v_{i,lf}^{\Phi_i(t),l}(t) + v_{i,ca}(t)$。最后对领导者的跟随者标记函数进行更新。

当智能体 i 为编队右翼时，情况与编队左翼类似，不再赘述。

算法 4-2　平面楔形编队算法

1: 执行算法 4-1

2: **for** $(i = 1; i \leqslant N; i = i + 1)$ **do**

3: 　　$\Delta_i(t) = 0$, $\Phi_i(t) = 0$, $v_i(t) = 0$, $\sigma_i(t) = \ell(t)$

4: **for** $(i = 1; i \leqslant N; i = i + 1)$ **do**

5: 　　**if** $i = I(t)$ **then**

6: 　　　　$v_i(t) = v_w + v_{i,ca}(t)$

7: 　　**else if** $\Lambda_i(t) = -1$ **then**

8: 　　　　**for** $(j = 1; j \leqslant N; j \neq i; j = j + 1)$ **do**

9: 　　　　　　**if** $j = I(t)$ & $(\Delta_j(t) = 0 \vee \Delta_j(t) = 1)$ & $\sigma_i(t) > \|p_{j,i}(t)\|$ **then**

10: 　　　　　　　　$\sigma_i(t) = \|p_{j,i}(t)\|$, $\Phi_i(t) = j$

11: 　　　　　　**else if** $\Lambda_j(t) = -1$ & $\Delta_j(t) = 0$ & $\sigma_i(t) > \|p_{j,i}(t)\|$ **then**

12: 　　　　　　　　$\sigma_i(t) = \|p_{j,i}(t)\|$, $\Phi_i(t) = j$

13: 　　　　**if** $\Phi_i(t) > 0$ **then**

14: 　　　　　　$v_i(t) = v_l + v_{i,lf}^{\Phi_i(t),l}(t) + v_{i,ca}(t)$

15: 　　　　　　**if** $\Delta_{\Phi_i(t)}(t) = 0$ **then**

16: 　　　　　　　　$\Delta_{\Phi_i(t)}(t) = -1$

17: 　　　　　　**else if** $\Delta_{\Phi_i(t)}(t) = 1$ **then**

18: 　　　　　　　　$\Delta_{\Phi_i(t)}(t) = 2$

19: 　　**else if** $\Lambda_i(t) = 1$ **then**

20: 　　　　**for** $(j = 1; j \leqslant N; j \neq i; j = j + 1)$ **do**

21: 　　　　　　**if** $j = I(t)$ & $(\Delta_j(t) = 0 \vee \Delta_j(t) = -1)$ & $\sigma_i(t) > \|p_{j,i}(t)\|$ **then**

22: 　　　　　　　　$\sigma_i(t) = \|p_{j,i}(t)\|$, $\Phi_i(t) = j$

23: 　　　　　　**else if** $\Lambda_j(t) = 1$ & $\Delta_j(t) = 0$ & $\sigma_i(t) > \|p_{j,i}(t)\|$ **then**

24: 　　　　　　　　$\sigma_i(t) = \|p_{j,i}(t)\|$, $\Phi_i(t) = j$

25: 　　　　**if** $\Phi_i(t) > 0$ **then**

26: 　　　　　　$v_i(t) = v_l + v_{i,lf}^{\Phi_i(t),r}(t) + v_{i,ca}(t)$

27: 　　　　　　**if** $\Delta_{\Phi_i(t)}(t) = 0$ **then**

28: 　　　　　　　　$\Delta_{\Phi_i(t)}(t) = 1$

29: 　　　　　　**else if** $\Delta_{\Phi_i(t)}(t) = -1$ **then**

30: 　　　　　　　　$\Delta_{\Phi_i(t)}(t) = 2$

注 4.5 综合算法 4-1 与 4-2 可知，当集群存在并列头部的情况时，标号最小的队列头部前进，其余并列头部停止，因此集群存在并列头部的情况不可持续。

与第二章的情况类似，本章的主要结论依赖于以下两个假设。

假设 4.1 对任意的 $t \geqslant 0$ 以及 $i \in \underline{N}$，$\Gamma_i(t) = 1$。

假设 4.2 $M = 0$。

本章主要结论如下。

定理 4.1 在假设 4.1 与 4.2 下，在算法 4-2 下，智能体间不会发生碰撞。

定理 4.1 的证明与定理 2.1类似，故不再赘述。

定理 4.2 在假设 4.1 与 4.2 下，在算法 4-2 下，智能体可以形成楔形编队。

证明 首先，在算法 4-1 下，智能体将被分配至左右两翼，将分别形成左、右两条线形编队。两条线形编队的形成与保持证明过程与定理 2.2 相似，故不再赘述。这里只对分配数量进行论证。根据注 4.5，集群存在并列头部的情况不可持续。因此存在 T 时刻，满足当 $t \geqslant T$ 时，队列头部的数量为 1。此时，$U(t) = N - 1$。若 N 为奇数，则 $U(t)$ 为偶数。此时根据算法 4-1，左翼智能体数量与右翼智能体数量均为 $U(t)/2$，因此两翼智能体数量相等。若 N 为偶数，则 $U(t)$ 为奇数。此时根据算法 4-1，左翼个体数量将比右翼个体数量多 1。综上，上述智能体角色分配机制满足问题 4.1 中 $|\mathbf{C}(\mathbb{Q}_l) - \mathbf{C}(\mathbb{Q}_r)| \leqslant 1$ 的要求。至此证毕。

4.3 算法仿真验证

针对平面楔形编队算法（算法 4-2），本节分别对以下三种情况进行仿真验证。

4.3.1 无故障、无障碍物的情况

考虑二维平面中包含 5 个智能体的无人集群系统。每个智能体的避撞安全半径 $\delta_i = 1\mathrm{m}$。期望的编队行进速度 $v_w = \mathrm{col}(7\mathrm{m/s}, 2\mathrm{m/s})$，楔形编队的左翼、右翼与 e_w 的夹角 $\theta = \pi/6$，相邻智能体之间的期望距离 $\rho = 5\mathrm{m}$。

算法 4-2 取以下参数：$\alpha = 2$，$\beta = 2$，$\kappa_1 = 1.5$，$\kappa_2 = 10$。每个智能体的初始位置为：$p_1(0) = \mathrm{col}(-5\mathrm{m}, -10\mathrm{m})$，$p_2(0) = \mathrm{col}(0, 16\mathrm{m})$，$p_3(0) = \mathrm{col}(-3\mathrm{m}, 5\mathrm{m})$，$p_4(0) = \mathrm{col}(7\mathrm{m}, 10\mathrm{m})$，$p_5(0) = \mathrm{col}(3\mathrm{m}, 2\mathrm{m})$。

智能体的运动轨迹如图 4.1 所示，展示了楔形编队的形成和保持过程。智能

体间的最短距离如图 4.2 所示，表明智能体之间未发生碰撞。综上，上述仿真结果验证了算法 4-2 在无故障、无障碍物情况下的有效性。

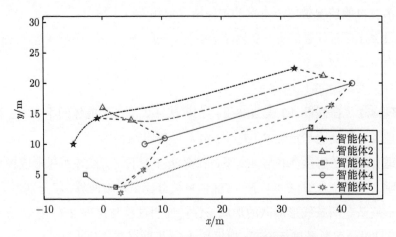

图 4.1　无故障、无障碍物时智能体的运动轨迹

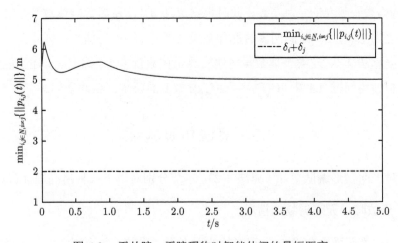

图 4.2　无故障、无障碍物时智能体间的最短距离

4.3.2　有故障、无障碍物的情况

考虑二维平面中包含 5 个智能体的无人集群系统。每个智能体的避撞安全半径 $\delta_i = 1\text{m}$。期望的编队行进速度 $v_w = \text{col}(6\text{m/s}, 15\text{m/s})$，楔形编队的左翼、右翼与 e_w 的夹角 $\theta = \pi/6$，相邻智能体之间的期望距离 $\rho = 5\text{m}$。

算法 4-2 取以下参数：$\alpha = 5$，$\beta = 5$，$\kappa_1 = 1.5$，$\kappa_2 = 10$。每个智能体的初

始位置为：$p_1(0) = \mathrm{col}(-4\mathrm{m}, 5\mathrm{m})$，$p_2(0) = \mathrm{col}(0, 16\mathrm{m})$，$p_3(0) = \mathrm{col}(-3\mathrm{m}, -4\mathrm{m})$，
$p_4(0) = \mathrm{col}(12\mathrm{m}, 10\mathrm{m})$，$p_5(0) = \mathrm{col}(8\mathrm{m}, 5\mathrm{m})$。

智能体的运动轨迹如图 4.3 所示，展示了楔形编队的形成和保持过程。在

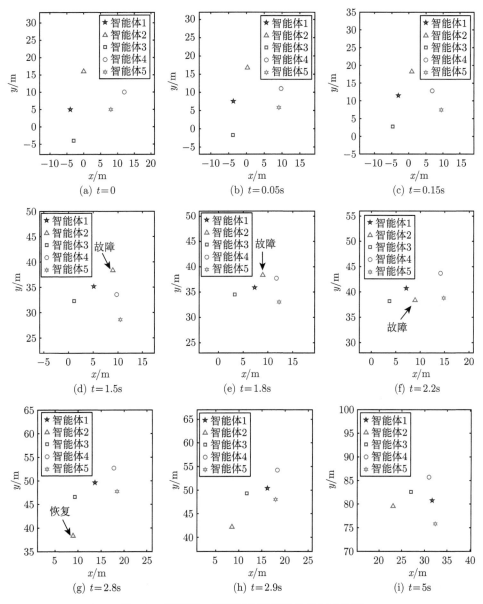

图 4.3　有故障、无障碍物时智能体的运动轨迹

$t = 1.5\mathrm{s}$ 时，队列头部的智能体 2 发生故障停止运动，随后智能体 4 成为新的头部。在 $t = 2.8\mathrm{s}$ 时，智能体 2 故障消除，恢复正常工作，重新加入编队。智能体间最短距离变化情况如图 4.4 所示，表明智能体之间未发生碰撞。综上，上述仿真结果验证了算法 4-2 在有故障、无障碍物情况下的有效性。

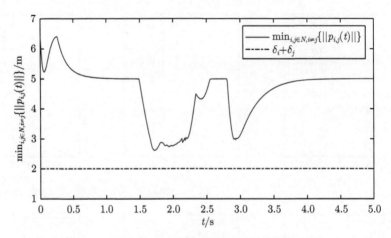

图 4.4　有故障、无障碍物时智能体间的最短距离

4.3.3　无故障、有障碍物的情况

考虑二维平面中包含 5 个智能体的无人集群系统。每个智能体的避撞安全半径 $\delta_i = 1\mathrm{m}$。平面内存在 2 个静止障碍物，其避撞安全半径 $\nu_i = 10\mathrm{m}$。期望的编队行进速度 $v_w = \mathrm{col}(6\mathrm{m/s},\ 15\mathrm{m/s})$，楔形编队的左翼、右翼与 e_w 的夹角 $\theta = \pi/6$，相邻智能体之间的期望距离 $\rho = 5\mathrm{m}$。

算法 4-2 取以下参数：$\alpha = 5, \beta = 5, \kappa_1 = 1.5, \kappa_2 = 10$。每个智能体的初始位置为：$p_1(0) = \mathrm{col}(-4\mathrm{m}, 5\mathrm{m})$, $p_2(0) = \mathrm{col}(0, 16\mathrm{m})$, $p_3(0) = \mathrm{col}(-3\mathrm{m}, -4\mathrm{m})$, $p_4(0) = \mathrm{col}(12\mathrm{m}, 10\mathrm{m})$, $p_5(0) = \mathrm{col}(8\mathrm{m}, 5\mathrm{m})$。障碍物的位置为：$q_1(0) = \mathrm{col}(9\mathrm{m}, 54\mathrm{m})$, $q_2(0) = \mathrm{col}(42\mathrm{m}, 80\mathrm{m})$。

智能体的运动轨迹如图 4.5 所示，展示了楔形编队的形成和保持过程。智能体与障碍物间的最短距离如图 4.6 所示，表明智能体与障碍物之间未发生碰撞。智能体间的最短距离如图 4.7 所示，表明智能体之间未发生碰撞。综上，上述仿真结果验证了验证了算法 4-2 在无故障、有障碍物情况下的有效性。

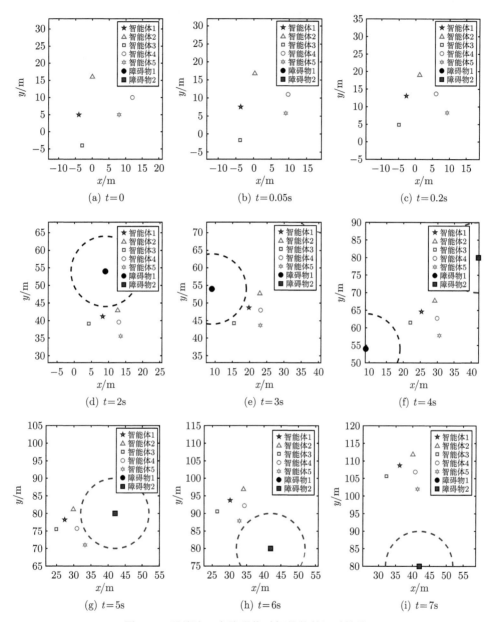

图 4.5　无故障、有障碍物时智能体的运动轨迹

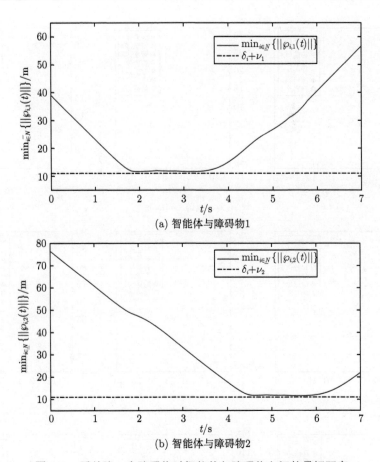

(a) 智能体与障碍物1

(b) 智能体与障碍物2

图 4.6　无故障、有障碍物时智能体与障碍物之间的最短距离

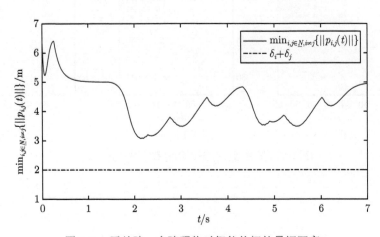

图 4.7　无故障、有障碍物时智能体间的最短距离

4.4 算法实物验证

本节采用第一章所述的室内集群高精度定位与动作捕捉验证平台以及 UGV 集群系统验证算法 4-2。

考虑包含 5 个麦轮智能车的无人车集群系统。每个智能车的避撞安全半径 $\delta_i = 0.15\mathrm{m}$。平面内存在 2 个静止障碍物,其避撞安全半径 $\nu_i = 0.15\mathrm{m}$。期望的编队行进速度 $v_w = \mathrm{col}(0.12\mathrm{m/s}, 0\mathrm{m/s})$,楔形编队的左翼、右翼与 e_w 的夹角 $\theta = \pi/3$,相邻智能车之间的期望距离 $\rho = 0.7\mathrm{m}$。

算法 4-2 取以下参数:$\alpha = 0.2$,$\beta = 0.2$,$\kappa_1 = 1.5$,$\kappa_2 = 0.1$。每个智能车的初始位置为:$p_1(0) = \mathrm{col}(-0.6\mathrm{m}, 0.6\mathrm{m})$,$p_2(0) = \mathrm{col}(-1.2\mathrm{m}, -0.9\mathrm{m})$,$p_3(0) = \mathrm{col}(-1.5\mathrm{m}, 0)$,$p_4(0) = \mathrm{col}(-1.8\mathrm{m}, 0.9\mathrm{m})$,$p_5(0) = \mathrm{col}(-1.5\mathrm{m}, 1.2\mathrm{m})$。

障碍物的位置为:$q_1(0) = \mathrm{col}(-0.6\mathrm{m}, 1.8\mathrm{m})$,$q_2(0) = \mathrm{col}(0, -0.6\mathrm{m})$。

智能车的运动轨迹如图 4.8 所示,展示了楔形编队的形成和保持过程。在 $t = 18\mathrm{s}$ 时,智能车 3 发生故障停止运动。在 $t = 22\mathrm{s}$ 时,智能车 3 故障消除,恢复正常工作,重新加入编队。上述实验结果验证了算法 4-2 在实际应用场景中的有效性。

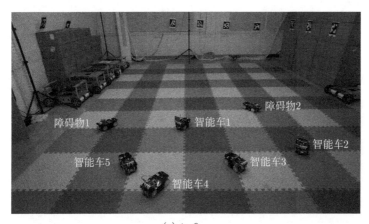

(a) $t=0$

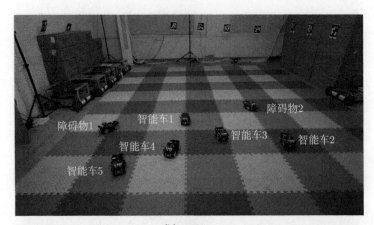

(b) $t=2\mathrm{s}$

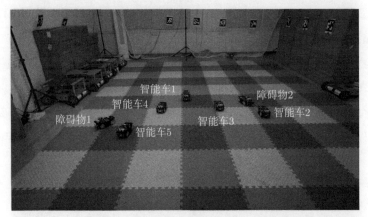

(c) $t=8\mathrm{s}$

(d) $t=18\mathrm{s}$

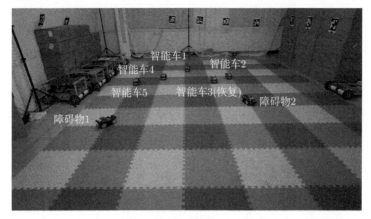

(e) $t=22$s

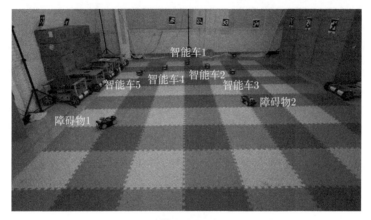

(f) $t=32$s

图 4.8　智能车的运动轨迹（后附彩图）

第 5 章　空间楔形编队控制

本章将第 4 章基于动态多领随链路的无人集群系统平面楔形自组织编队控制算法推广至空间无人集群系统。

5.1　问题描述

考虑三维空间内由 N 个智能体组成的无人集群系统。对 $i \in \underline{N}$，智能体 i 的运动方程如下：

$$\dot{p}_i(t) = v_i(t) \tag{5.1}$$

其中 $p_i(t), v_i(t) \in \mathbb{R}^3$ 分别表示智能体 i 在 t 时刻的位置和速度。在本章中，$v_i(t)$ 作为智能体 i 的控制输入。令 $\delta_i > 0$ 表示智能体 i 的避撞安全半径。

假定平面内存在 M 个静止或移动的障碍物。对 $i \in \underline{M}$，障碍物 i 的运动方程如下：

$$\dot{q}_i(t) = u_i(t) \tag{5.2}$$

其中 $q_i(t), u_i(t) \in \mathbb{R}^3$ 表示障碍物 i 在 t 时刻的位置和速度。当 $u_i(t) \equiv 0$ 时，障碍物 i 为静止障碍物，否则为移动障碍物。令 $\nu_i > 0$ 表示障碍物 i 的避撞安全半径。

令 $v_w \in \mathbb{R}^3$ 表示期望的编队行进速度，则期望的编队前进方向为

$$e_w = \mathbf{o}(v_w) \tag{5.3}$$

令 $e_l, e_r \in \mathbb{R}^3$ 分别表示编队左翼与右翼的期望方向。假定 e_l, e_r 与 e_w 的夹角均为 θ，且三者共面。取 $e_l^{\perp 1}, e_l^{\perp 2} \in \mathbb{R}^3$ 满足 $e_l, e_l^{\perp 1}, e_l^{\perp 2}$ 两两垂直，$e_r^{\perp 1}, e_r^{\perp 2} \in \mathbb{R}^3$ 满足 $e_r, e_r^{\perp 1}, e_r^{\perp 2}$ 两两垂直。

为便于记述，定义以下变量。

- 对任意的 $i, j \in \underline{N}$,

$$p_{i,j}(t) = p_i(t) - p_j(t)$$

$$p_{i,j}^w(t) = \langle p_{i,j}(t), e_w \rangle$$

$$p_{i,j}^{w\perp}(t) = \langle p_{i,j}(t), e_w^\perp \rangle$$

$$p_{i,j}^l(t) = \langle p_{i,j}(t), e_l \rangle$$

$$p_{i,j}^{l\perp 1}(t) = \langle p_{i,j}(t), e_l^{\perp 1} \rangle \tag{5.4}$$

$$p_{i,j}^{l\perp 2}(t) = \langle p_{i,j}(t), e_l^{\perp 2} \rangle$$

$$p_{i,j}^r(t) = \langle p_{i,j}(t), e_r \rangle$$

$$p_{i,j}^{r\perp 1}(t) = \langle p_{i,j}(t), e_r^{\perp 1} \rangle$$

$$p_{i,j}^{r\perp 2}(t) = \langle p_{i,j}(t), e_r^{\perp 2} \rangle$$

- 对任意的 $i \in \underline{N}$ 且 $j \in \underline{M}$,

$$\wp_{i,j}(t) = p_i(t) - q_j(t) \tag{5.5}$$

基于上述定义,本章考虑的无人集群系统楔形编队任务可严格描述如下。

问题 5.1 给定系统 (5.1) 与 (5.2),为每个智能体设计控制输入 $v_i(t)$,在以下初始条件下:

- 智能体间距:对任意的 $i, j \in \underline{N}, i \neq j$,

$$\|p_{i,j}(0)\| \geqslant \delta_i + \delta_j$$

- 智能体与障碍物间距:对任意的 $i \in \underline{N}, j \in \underline{M}$,

$$\|\wp_{i,j}(0)\| \geqslant \delta_i + \nu_j$$

实现下列控制目标:

(1) 避撞目标

- 智能体之间避撞:对任意的 $t > 0, i, j \in \underline{N}, i \neq j$,

$$\|p_{i,j}(t)\| \geqslant \delta_i + \delta_j$$

- 智能体与障碍物之间避撞：对任意的 $t > 0, i \in \underline{N}, j \in \underline{M}$，

$$\|\wp_{i,j}(t)\| \geqslant \delta_i + \nu_j$$

（2）编队目标

- 速度匹配：对于任意的 $i \in \underline{N}$，

$$\lim_{t \to \infty} (v_i(t) - v_w) = 0$$

- 数量分配：令 $\mathbb{Q}_l$ 表示左翼智能体标签集合，$\mathbb{Q}_r$ 表示右翼智能体标签集合，二者满足

$$\mathbb{Q}_l \cup \mathbb{Q}_r = \underline{N}, \ \mathbf{C}(\mathbb{Q}_l \cap \mathbb{Q}_r) = 1, \ |\mathbf{C}(\mathbb{Q}_l) - \mathbf{C}(\mathbb{Q}_r)| \leqslant 1$$

- 楔形列队：对任意的 $i, j \in \mathbb{Q}_l, \ i \neq j$，满足

$$\lim_{t \to \infty} p_{i,j}^{l \perp 1}(t) = 0, \ \lim_{t \to \infty} p_{i,j}^{l \perp 2}(t) = 0$$

对任意的 $i, j \in \mathbb{Q}_r, \ i \neq j$，满足

$$\lim_{t \to \infty} p_{i,j}^{r \perp 1}(t) = 0, \ \lim_{t \to \infty} p_{i,j}^{r \perp 2}(t) = 0$$

- 间隔相等：集合 $\mathbb{Q}_l$ 中的所有元素形成首尾序列 $(i_1^l, i_2^l, \ldots, i_{\mathbf{C}(\mathbb{Q}_l)}^l)$，其中 $i_k^l \in \mathbb{Q}_l$，使得对于任意的 $k \in \underline{\mathbf{C}(\mathbb{Q}_l) - 1}$，满足

$$\lim_{t \to \infty} p_{i_k^l, i_{k+1}^l}^l(t) = \rho$$

集合 $\mathbb{Q}_r$ 中的所有元素形成首尾序列 $(i_1^r, i_2^r, \ldots, i_{\mathbf{C}(\mathbb{Q}_r)}^r)$，其中 $i_k^r \in \mathbb{Q}_r$，使得对于任意的 $k \in \underline{\mathbf{C}(\mathbb{Q}_r) - 1}$，满足

$$\lim_{t \to \infty} p_{i_k^r, i_{k+1}^r}^r(t) = \rho$$

此处，$\rho > 0$ 表示相邻智能体之间的期望距离。

5.2　控制算法设计及主要结论

本节将介绍基于动态多领随链路的无人集群系统空间楔形编队控制算法。首先，定义下列函数。

- 故障标记函数 $\Gamma_i(t)$：若智能体 i 在 t 时刻正常工作，则 $\Gamma_i(t) = 1$；否则 $\Gamma_i(t) = 0$。
- 角色标记函数 $\Lambda_i(t)$：若智能体 i 在 t 时刻为左翼成员，则 $\Lambda_i(t) = -1$；若智能体 i 在 t 时刻为右翼成员，则 $\Lambda_i(t) = 1$；若智能体 i 在 t 时刻为队列头部，则 $\Lambda_i(t) = 2$；否则 $\Lambda_i(t) = 0$。
- 领导者标记函数 $\Phi_i(t)$：若智能体 i 在 t 时刻存在领导者，则 $\Phi_i(t) > 0$；否则 $\Phi_i(t) = 0$。
- 跟随者标记函数 $\Delta_i(t)$：若智能体 i 在 t 时刻存在左翼跟随者，则 $\Delta_i(t) = -1$；若智能体 i 在 t 时刻存在右翼跟随者，则 $\Delta_i(t) = 1$；若智能体 i 在 t 时刻存在两翼跟随者，则 $\Delta_i(t) = 2$；否则 $\Delta_i(t) = 0$。

其次，设计领随速度如下。假定智能体 i 的领导者为智能体 j。若智能体 i 属于编队的左翼，则智能体 j 对智能体 i 的领随速度 $v_{i,lf}^{j,l}(t)$ 为

$$v_{i,lf}^{j,l}(t) = \alpha(p_{j,i}^l(t) - \rho)e_l + \beta_1 p_{j,i}^{l\perp 1}(t)e_l^{\perp 1} + \beta_2 p_{j,i}^{l\perp 2}(t)e_l^{\perp 2} \tag{5.6}$$

其中，$\alpha > 0$ 表示进向增益，$\beta_1 > 0$ 表示第一垂向增益，$\beta_2 > 0$ 表示第二垂向增益。若智能体 i 属于编队的右翼，则智能体 j 对智能体 i 的领随速度 $v_{i,lf}^{j,r}(t)$ 为

$$v_{i,lf}^{j,r}(t) = \alpha(p_{j,i}^r(t) - \rho)e_r + \beta_1 p_{j,i}^{r\perp 1}(t)e_r^{\perp 1} + \beta_2 p_{j,i}^{r\perp 2}(t)e_r^{\perp 2} \tag{5.7}$$

接下来，为了避免智能体之间以及智能体与障碍物之间的碰撞，设计避撞速度 $v_{i,ca}(t)$ 如下：

$$v_{i,ca}(t) = \mathcal{D}(\theta_{i1}(t), \theta_{i2}(t), \theta_{i3}(t))\bar{v}_{i,ca}(t)$$

$$\bar{v}_{i,ca}(t) = \sum_{j=1, j\neq i}^{N} \mathbf{o}(p_{i,j}(t))\zeta(\|p_{i,j}(t)\|, \delta_i + \delta_j)$$

$$+ \sum_{j=1}^{M} \mathbf{o}(\wp_{i,j}(t))\zeta(\|\wp_{i,j}(t)\|, \delta_i + \nu_j) \tag{5.8}$$

其中，$\theta_{i1}(t), \theta_{i2}(t), \theta_{i3}(t) \in (0.8, 1.2)$ 为随机变量，避撞斥力函数 ζ 的具体形式与函数 (2.10) 相同。最后，定义 t 时刻无人集群系统的跨度 $\ell(t)$ 为

$$\ell(t) = \max_{i,j \in \underline{N}}\{\|p_{i,j}(t)\|\}. \tag{5.9}$$

在介绍空间楔形编队智能体角色分配算法之前，定义以下两个算子。$\mathbf{L}(p, e)$：$\mathbb{R}^3 \times \mathbb{R}^3 \to \mathbb{L}$ 表示三维空间中穿过点 p，且方向向量为 e 的直线方程。此处，$\mathbb{L}$ 表示三维空间中所有直线方程的集合。$\mathbf{d}(p, l) : \mathbb{R}^3 \times \mathbb{L} \to \mathbf{R}$ 表示三维空间中点 p 到直线 l 的垂直距离。基于上述定义，介绍空间楔形编队智能体角色分配算法如算法 5-1 所示。算法 5-1 与算法 4-1 相比，在确定队列头部方式与待分配智能体数量计算方式上相同，而在智能体左右翼分配方式上不同。算法 5-1 的方式更为直接，即计算待分配智能体到左翼编队直线的垂直距离，垂直距离较小的（若距离相同，选择编号较小的）作为左翼智能体。这里需要指出的是，算法 4-1 计算投影的方式与算法 5-1 计算距离的方式都能够得到距离左翼编队直线较近的智能体，因此都符合基于位置的分配原则。虽然基于投影的方法便于计算，但只适用于平面的情况，因此算法 5-1 采用了基于距离的方法。在算法 4-1 中采用与队列头部的距离作为二次判断依据，而在算法 5-1 中则无法采用同样的判断依据，因为在空间中二者可能仍然相等，因此采用了简单的标签判定。事实上，由于系统响应只与智能体当前位置与期望位置的距离有关，因此采用何种二次判定对于系统性能并无显著影响。

基于算法 5-1，得到空间楔形编队算法，如算法 5-2 所示。算法 5-2 的基本思路与算法 4-2 相同，因此不再赘述。

算法 5-1 空间楔形编队智能体角色分配算法

1: 输入：$p_1(t), \ldots, p_N(t)$

2: 输出：$\Lambda_1(t), \ldots, \Lambda_N(t)$

3: $I(t) = 0, U(t) = 0$

4: **for** $(i = 1; i \leqslant N; i = i + 1)$ **do**

5: 　　$\Lambda_i(t) = 2, L_i(t) = 0$

6: **for** $(i = 1; i \leqslant N; i = i + 1)$ **do**

7: 　　**if** $\Gamma_i(t) = 1$ **then**

8: 　　　　**for** $(j = 1; j \leqslant N; j \neq i; j = j + 1)$ **do**

9: 　　　　　　**if** $p_{j,i}^w(t) > 0$ & $\Gamma_j(t) = 1$ **then**

10: 　　　　　　　　$\Lambda_i(t) = 0$

11: 　　　　**if** $\Lambda_i(t) = 2$ **then**

12: 　　　　　　**if** $i = 1$ **then**

13: 　　　　　　　　$I(t) = i$

14:            **else if** $\Lambda_1(t) \vee \Lambda_2(t) \vee \cdots \vee \Lambda_{i-1}(t) = 0$ **then**

15:               $I(t) = i$

16: **for** $(i = 1; i \leqslant N; i = i + 1)$ **do**

17:     **if** $\Lambda_i(t) = 0$ **then**

18:        $U(t) = U(t) + 1$

19: **for** $(i = 1; i \leqslant N; i = i + 1)$ **do**

20:     **if** $\Lambda_i(t) = 0$ **then**

21:        **for** $(j = 1; j \leqslant N; j \neq i; \Lambda_j(t) = 0; j = j + 1)$ **do**

22:           **if** $\mathbf{d}(p_j(t), \mathbb{L}(p_{I(t)}, e_l)) < \mathbf{d}(p_i(t), \mathbb{L}(p_{I(t)}, e_l))$ **then**

23:              $L_i(t) = L_i(t) + 1$

24:           **else if** $\mathbf{d}(p_j(t), \mathbb{L}(p_{I(t)}, e_l)) = \mathbf{d}(p_i(t), \mathbb{L}(p_{I(t)}, e_l))$ & $j < i$ **then**

25:              $L_i(t) = L_i(t) + 1$

26:        **if** $L_i(t) < U(t)/2$ **then**

27:           $\Lambda_i(t) = -1$

28:        **else**

29:           $\Lambda_i(t) = 1$

算法 5-2   空间楔形编队算法

1: 执行算法 5-1

2: **for** $(i = 1; i \leqslant N; i = i + 1)$ **do**

3:    $\Delta_i(t) = 0$, $\Phi_i(t) = 0$, $v_i(t) = 0$, $\sigma_i(t) = \ell(t)$

4: **for** $(i = 1; i \leqslant N; i = i + 1)$ **do**

5:    **if** $i = I(t)$ **then**

6:       $v_i(t) = v_w + v_{i,ca}(t)$

7:    **else if** $\Lambda_i(t) = -1$ **then**

8:       **for** $(j = 1; j \leqslant N; j \neq i; j = j + 1)$ **do**

9:          **if** $j = I(t)$ & $(\Delta_j(t) = 0 \vee \Delta_j(t) = 1)$ & $\sigma_i(t) > \|p_{j,i}(t)\|$ **then**

10:            $\sigma_i(t) = \|p_{j,i}(t)\|$, $\Phi_i(t) = j$

11:          **else if** $\Lambda_j(t) = -1$ & $\Delta_j(t) = 0$ & $\sigma_i(t) > \|p_{j,i}(t)\|$ **then**

12:            $\sigma_i(t) = \|p_{j,i}(t)\|$, $\Phi_i(t) = j$

13:       **if** $\Phi_i(t) > 0$ **then**

14:          $v_i(t) = v_l + v_{i,lf}^{\Phi_i(t),l}(t) + v_{i,ca}(t)$

15:          **if** $\Delta_{\Phi_i(t)}(t) = 0$ **then**

16:            $\Delta_{\Phi_i(t)}(t) = -1$

17:　　　　　　**else if** $\Delta_{\Phi_i(t)}(t) = 1$ **then**

18:　　　　　　　　$\Delta_{\Phi_i(t)}(t) = 2$

19:　　　**else if** $\Lambda_i(t) = 1$ **then**

20:　　　　　**for** $(j = 1; j \leqslant N; j \neq i; j = j + 1)$ **do**

21:　　　　　　**if** $j = I(t)$ & $(\Delta_j(t) = 0 \vee \Delta_j(t) = -1)$ & $\sigma_i(t) > \|p_{j,i}(t)\|$ **then**

22:　　　　　　　$\sigma_i(t) = \|p_{j,i}(t)\|$, $\Phi_i(t) = j$

23:　　　　　　**else if** $\Lambda_j(t) = 1$ & $\Delta_j(t) = 0$ & $\sigma_i(t) > \|p_{j,i}(t)\|$ **then**

24:　　　　　　　$\sigma_i(t) = \|p_{j,i}(t)\|$, $\Phi_i(t) = j$

25:　　　　**if** $\Phi_i(t) > 0$ **then**

26:　　　　　$v_i(t) = v_l + v_{i,lf}^{\Phi_i(t),r}(t) + v_{i,ca}(t)$

27:　　　　　**if** $\Delta_{\Phi_i(t)}(t) = 0$ **then**

28:　　　　　　$\Delta_{\Phi_i(t)}(t) = 1$

29:　　　　　**else if** $\Delta_{\Phi_i(t)}(t) = -1$ **then**

30:　　　　　　$\Delta_{\Phi_i(t)}(t) = 2$

与第四章的情况类似，本章的主要结论依赖于以下两个假设。

假设 5.1　对任意的 $t \geqslant 0$ 以及 $i \in \underline{N}$，$\Gamma_i(t) = 1$。

假设 5.2　$M = 0$。

本章主要结论如下。

定理 5.1　在假设 5.1 与 5.2 下，在算法 5-2 下，智能体间不会发生碰撞。

定理 5.2　在假设 5.1 与 5.2 下，在算法 5-2 下，智能体可以形成楔形编队。

定理 5.1 的证明与定理 2.1 类似，定理 5.2 的证明与定理 4.2 类似，均不再赘述。

5.3　算法仿真验证

针对空间楔形编队算法（算法 5-2），本节分别对以下三种情况进行仿真验证。

5.3.1　无故障、无障碍物的情况

考虑三维空间中包含 5 个智能体的无人集群系统。每个智能体的避撞安全半径 $\delta_i = 1\text{m}$。期望的编队行进速度 $v_w = \text{col}(6.5\text{m/s}, 16.3\text{m/s}, 9.6\text{m/s})$，楔形编队的左翼、右翼与 e_w 的夹角 $\theta = \pi/6$，相邻智能体之间的期望距离 $\rho = 5\text{m}$。

算法 5-2 取以下参数：$\alpha = 5$，$\beta_1 = 5$，$\beta_2 = 5$，$\kappa_1 = 1.5$，$\kappa_2 = 10$。每个

智能体的初始位置为：$p_1(0) = \mathrm{col}(-4\mathrm{m}, 5\mathrm{m}, 0)$，$p_2(0) = \mathrm{col}(0, 16\mathrm{m}, 0)$，$p_3(0) = \mathrm{col}(-3\mathrm{m}, -4\mathrm{m}, 0)$，$p_4(0) = \mathrm{col}(12\mathrm{m}, 10\mathrm{m}, 0)$，$p_5(0) = \mathrm{col}(8\mathrm{m}, 5\mathrm{m}, 0)$。

智能体的运动轨迹如图 5.1 所示，展示了楔形编队的形成和保持过程。智能体间最短距离变化情况如图 5.2 所示，表明智能体之间未发生碰撞。综上，上述仿真结果验证了算法 5-2 在无故障、无障碍物情况下的有效性。

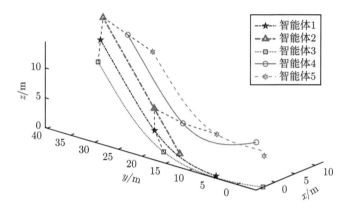

图 5.1　无故障、无障碍物时智能体的运动轨迹

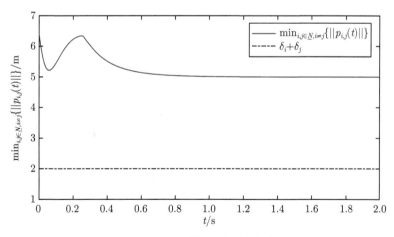

图 5.2　无故障、无障碍物时智能体间的最短距离

5.3.2　有故障、无障碍物的情况

考虑三维空间中包含 5 个智能体的无人集群系统。每个智能体的避撞安全半径 $\delta_i = 1\mathrm{m}$。期望的编队行进速度 $v_w = \mathrm{col}(6.5\mathrm{m/s}, 16.3\mathrm{m/s}, 9.6\mathrm{m/s})$，楔形编队

的左翼、右翼与 e_w 的夹角 $\theta = \pi/6$，相邻智能体之间的期望距离 $\rho = 5\mathrm{m}$。

算法 5-2 取以下参数：$\alpha = 5$，$\beta_1 = 5$，$\beta_2 = 5$，$\kappa_1 = 1.5$，$\kappa_2 = 10$。每个智能体的初始位置为：$p_1(0) = \mathrm{col}(-4\mathrm{m}, 5\mathrm{m}, 0)$，$p_2(0) = \mathrm{col}(0, 16\mathrm{m}, 0)$，$p_3(0) = \mathrm{col}(-3\mathrm{m}, -4\mathrm{m}, 0)$，$p_4(0) = \mathrm{col}(12\mathrm{m}, 10\mathrm{m}, 0)$，$p_5(0) = \mathrm{col}(8\mathrm{m}, 5\mathrm{m}, 0)$。

智能体的运动轨迹如图 5.3 所示，展示了楔形编队的形成和保持过程。在 $t = 0.8\mathrm{s}$ 时，队列头部的智能体 2 发生故障停止运动，随后智能体 4 成为新的头

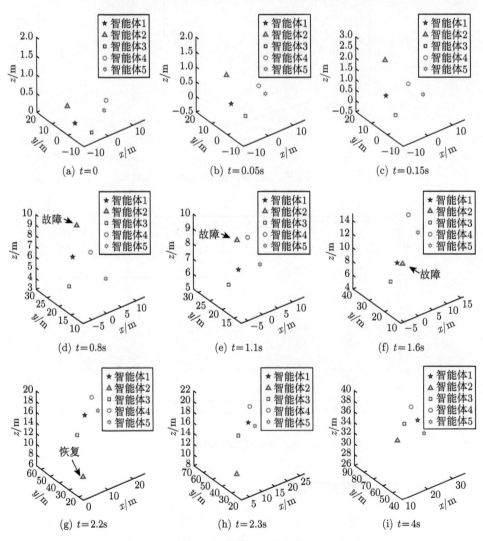

图 5.3　有故障、无障碍物时智能体的运动轨迹

部。在 $t = 2.2$s 时，智能体 2 故障消除，恢复正常工作，重新加入编队。智能体间的最短距离如图 5.4 所示，表明智能体之间未发生碰撞。综上，上述仿真结果验证了算法 5-2 在有故障、无障碍物情况下的有效性。

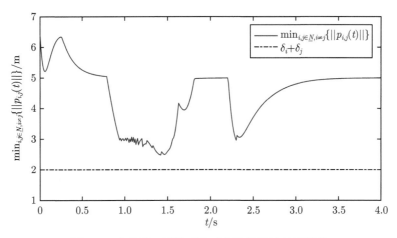

图 5.4　有故障、无障碍物时智能体间的最短距离

5.3.3　无故障、有障碍物的情况

考虑三维空间中包含 5 个智能体的无人集群系统。每个智能体的避撞安全半径 $\delta_i = 1$m。空间内存在 2 个静止障碍物，其避撞安全半径 $\nu_i = 10$m。期望的编队行进速度 $v_w = \mathrm{col}(6.5\text{m/s}, 16.3\text{m/s}, 9.6\text{m/s})$，楔形编队的左翼、右翼与 e_w 的夹角 $\theta = \pi/6$，相邻智能体之间的期望距离 $\rho = 5$m。

算法 5-2 取以下参数：$\alpha = 5$，$\beta_1 = 5$，$\beta_2 = 5$，$\kappa_1 = 1.5$，$\kappa_2 = 10$。每个智能体的初始位置为：$p_1(0) = \mathrm{col}(-4\text{m}, 5\text{m}, 0)$，$p_2(0) = \mathrm{col}(0, 16\text{m}, 0)$，$p_3(0) = \mathrm{col}(-3\text{m}, -4\text{m}, 0)$，$p_4(0) = \mathrm{col}(12\text{m}, 10\text{m}, 0)$，$p_5(0) = \mathrm{col}(8\text{m}, 5\text{m}, 0)$。

智能体的位置变化情况如图 5.5 所示，展示了线形编队的形成和保持过程。智能体与障碍物间的最短距离如图 5.6 所示，表明智能体与障碍物之间未发生碰撞。智能体间的最短距离如图 5.7 所示，表明智能体之间未发生碰撞。综上，上述仿真结果验证了验证了算法 5-2 在无故障、有障碍物情况下的有效性。

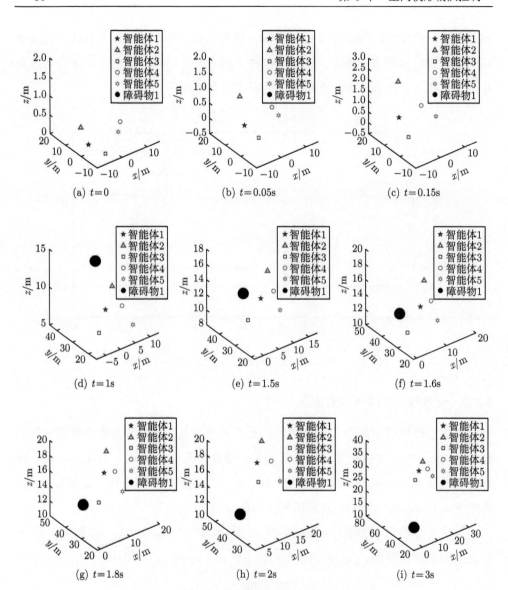

图 5.5　无故障、有障碍物时智能体的运动轨迹

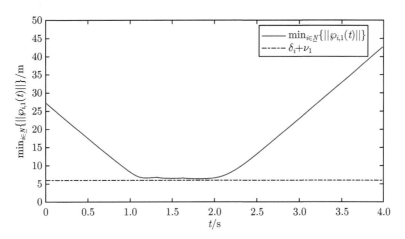

图 5.6 无故障、有障碍物时智能体与障碍物之间的最短距离

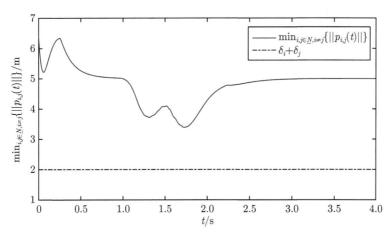

图 5.7 无故障、有障碍物时智能体间的最短距离

5.4 算法实物验证

本节采用第一章所述的室内集群高精度定位与动作捕捉验证平台以及 UAV 集群系统验证算法 5-2。

考虑包含 5 个无人机的无人集群系统。每个无人机的避撞安全半径 $\delta_i = 0.18\text{m}$。平面内存在 1 个静止障碍物，其避撞安全半径 $\nu_i = 0.2\text{m}$。期望的编队行进速度 $v_w = \text{col}(0.064\text{m/s}, 0.045\text{ m/s}, 0.017\text{m/s})$，楔形编队的左翼、右翼与 e_w 的夹角 $\theta = \pi/4$，相邻无人机之间的期望距离 $\rho = 0.6\text{m}$。

算法 5-2 取以下参数：$\alpha = 0.4$，$\beta_1 = 0.4$，$\beta_2 = 0.4$，$\kappa_1 = 1.8$，$\kappa_2 = 0.05$。每个智能体的初始位置为：$p_1(0) = \text{col}(-0.3\text{m}, -0.4\text{m}, 0.55\text{m})$，$p_2(0) = \text{col}(-0.9\text{m}, 0, 0.55\text{m})$，$p_3(0) = \text{col}(-1.8\text{m}, 0, 0.55\text{m})$，$p_4(0) = \text{col}(-0.3\text{m}, -0.9\text{m}, 0.55\text{m})$，$p_5(0) = \text{col}(-1.5\text{m}, -0.9\text{m}, 0.55\text{m})$。障碍物的位置为：$q_1(0) = \text{col}(0.3\text{m}, -0.6\text{m}, 0.65\text{m})$。

无人机的位置变化情况如图 5.8 所示，展示了楔形编队的形成和保持过程。在 $t = 13\text{s}$ 时，无人机 2 发生故障停止运动，随后无人机 3 绕过故障无人机。在 $t = 22\text{s}$ 时，无人机 2 故障消除，恢复正常工作，重新加入编队。上述实验结果验证了算法 5-2 在实际应用场景中的有效性。

(a) $t = 0$

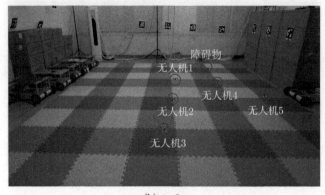

(b) $t = 5\text{s}$

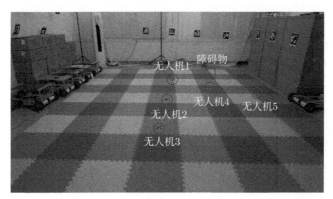

(c) $t=7\text{s}$

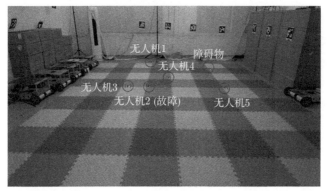

(d) $t=13\text{s}$

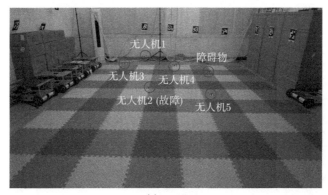

(e) $t=15\text{s}$

(f) $t=20\text{s}$

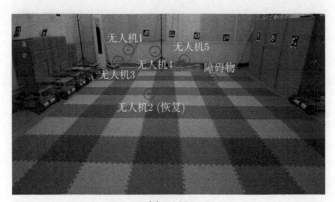

(g) $t=22\text{s}$

(h) $t=27\text{s}$

(i) $t=31$s

图 5.8 无人机的运动轨迹（后附彩图）

第二部分　基于协作输出调节的分布式鲁棒编队

第 6 章 相对位置编队控制

定位是无人集群系统编队控制的关键要素之一。正常情况下，智能体可以通过位置传感器获取自身的全局位置。但在一些特殊环境下，如密林、室内等，由于障碍物的遮挡，智能体的全局位置通常难以获取。此时，智能体可以采用视觉传感器、红外线传感器、超声波传感器等，通过多源信息融合技术获取智能体间的相对位置。基于智能体间的相对位置，本章提出了一种半准位置反馈分布式鲁棒编队控制算法以实现全局定位拒止条件下的无人集群系统编队控制。

6.1 问 题 描 述

考虑包含 N 个智能体的无人集群系统。对 $i \in \underline{N}$，智能体 i 的数学模型描述如下：

$$
\begin{aligned}
\dot{y}_i(t) &= v_i(t) \\
\dot{v}_i(t) &= \gamma_{i,1} y_i(t) + \gamma_{i,2} v_i(t) + \gamma_{i,3} u_i(t)
\end{aligned}
\tag{6.1}
$$

其中，$y_i(t), v_i(t), u_i(t) \in \mathbb{R}^p$ 分别表示智能体 i 的位置、速度和控制输入。p 为智能体所在空间的维数。对 $j = 1, 2, 3$，$\gamma_{i,j} \in \mathbb{R}$ 为不确定系统参数。假定 $\gamma_{i,j} = \gamma_{i,j}^o + \Delta\gamma_{i,j}$，其中 $\gamma_{i,j}^o$ 表示系统参数的标称值，$\Delta\gamma_{i,j}$ 表示系统参数的不确定部分。为方便记述，定义 $w_i = \mathrm{col}(\Delta\gamma_{i,1}, \Delta\gamma_{i,2}, \Delta\gamma_{i,3})$。令 $x_i(t) = \mathrm{col}(y_i(t), v_i(t))$，则系统 (6.1) 可以写成如下紧凑形式：

$$
\begin{aligned}
\dot{x}_i(t) &= A_i x_i(t) + B_i u_i(t) \\
y_i(t) &= C_i x_i(t)
\end{aligned}
\tag{6.2}
$$

其中，

$$
A_i = \begin{bmatrix} 0 & I_p \\ \gamma_{i,1} I_p & \gamma_{i,2} I_p \end{bmatrix} \in \mathbb{R}^{2p \times 2p}, \ B_i = \begin{bmatrix} 0 \\ \gamma_{i,3} I_p \end{bmatrix} \in \mathbb{R}^{2p \times p}, \ C_i = [I_p \quad 0] \in \mathbb{R}^{p \times 2p}
$$

定义矩阵 A_i, B_i 的标称部分分别为

$$A_i^o = \begin{bmatrix} 0 & I_p \\ \gamma_{i,1}^o I_p & \gamma_{i,2}^o I_p \end{bmatrix}, \quad B_i^o = \begin{bmatrix} 0 \\ \gamma_{i,3}^o I_p \end{bmatrix}$$

无人集群系统的期望编队方式由所有智能体的期望编队轨迹定义。对于 $i \in \underline{N}$，智能体 i 的期望编队轨迹 $y_{ri}(t) \in \mathbb{R}^p$ 由如下两部分构成：

$$y_{ri}(t) = y_0(t) + y_{bi}(t)$$

其中，$y_0(t)$ 为集群全局轨迹，$y_{bi}(t)$ 为个体偏置轨迹。假定集群全局轨迹 $y_0(t)$ 由如下线性定常系统产生：

$$\begin{aligned} \dot{r}_0(t) &= S_0 r_0(t) \\ y_0(t) &= C_0 r_0(t) \end{aligned} \tag{6.3}$$

其中，$r_0(t) \in \mathbb{R}^q$ 为系统内部状态，$S_0 \in \mathbb{R}^{q \times q}, C_0 \in \mathbb{R}^{p \times q}$ 为常数矩阵。类似地，假定个体偏置轨迹 $y_{bi}(t)$ 由如下线性定常系统产生：

$$\begin{aligned} \dot{h}_i(t) &= \Psi_i h_i(t) \\ y_{bi}(t) &= \psi_i h_i(t) \end{aligned} \tag{6.4}$$

其中，$h_i(t) \in \mathbb{R}^{q_{hi}}$ 为系统内部状态，$\Psi_i \in \mathbb{R}^{q_{hi} \times q_{hi}}, \psi_i \in \mathbb{R}^{p \times q_{hi}}$ 为常数矩阵。

无人集群系统的通信网络由切换图 $\bar{\mathcal{G}}_{\epsilon(t)} = (\bar{\mathcal{V}}, \bar{\mathcal{E}}_{\epsilon(t)})$ 表示。具体地，$\bar{\mathcal{V}} = \{0, 1, \dots, N\}$，其中节点 0 代表系统 (6.3)，而节点 $i, i \in \underline{N}$，代表第 i 个智能体。$(i, j) \in \bar{\mathcal{E}}_{\epsilon(t)}$ 当且仅当节点 j 在 t 时刻时可以获取节点 i 的信息。令 $\bar{A}_{\epsilon(t)} = [a_{ij}(t)] \in \mathbb{R}^{(N+1) \times (N+1)}$ 表示切换图 $\bar{\mathcal{G}}_{\epsilon(t)}$ 的加权邻接矩阵。定义切换图 $\bar{\mathcal{G}}_{\epsilon(t)}$ 的子图 $\mathcal{G}_{\epsilon(t)} = (\mathcal{V}, \mathcal{E}_{\epsilon(t)})$，其中，$\mathcal{V} = \{1, \dots, N\}$，$\mathcal{E}_{\epsilon(t)} = \bar{\mathcal{E}}_{\epsilon(t)} \cap \{\mathcal{V} \times \mathcal{V}\}$。令 $\mathcal{L}_{\epsilon(t)}$ 表示子图 $\mathcal{G}_{\epsilon(t)}$ 的拉普拉斯矩阵。定义 $H_{\epsilon(t)} = \mathcal{L}_{\epsilon(t)} + \mathcal{D}(a_{10}(t), \dots, a_{N0}(t))$。

本章所考虑的无人集群系统编队问题的严格数学描述如下。

问题 6.1 给定系统 (6.2)、(6.3)、(6.4) 以及由切换图 $\bar{\mathcal{G}}_{\epsilon(t)}$ 描述的通信网络，设计分布式控制律 $u_i(t)$，使得存在原点附近的开邻域 $\mathbb{W} \in \mathbb{R}^3$，以及常向量 $y_c \in \mathbb{R}^p$，满足对任意的 $w_i \in \mathbb{W}$ 以及任意的系统初始状态，闭环系统稳定，且有

$$\lim_{t \to \infty} (y_i(t) - y_0(t) - y_{bi}(t) - y_c) = 0 \tag{6.5}$$

注 6.1 在问题 6.1 的描述中，y_c 并不影响期望的编队方式，而只与智能体的绝对位置相关。当智能体可以获取自身的全局位置 $y_i(t)$ 时，则可以严格限制 $y_c = 0$。

为解决问题 6.1，做如下假设。

假设 6.1 在切换时间序列 $\{t_0, t_1, t_2, \dots\}$ 中存在子列 $\{t_{\alpha_k} : k = 0, 1, 2, \dots\}$ 满足 $\alpha_0 = 0$, $t_{\alpha_{k+1}} - t_{\alpha_k} < \beta$, $\beta > 0$ 为子列时间间隔上限，使得任意的联合图 $\bigcup_{r=\alpha_k}^{\alpha_{k+1}} \bar{\mathcal{G}}_{\epsilon(t_r)}$ 都包含以节点 0 为根节点的生成树。

假设 6.2 子图 $\mathcal{G}_{\epsilon(t)}$ 是无向的。

假设 6.3 在切换时间序列 $\{t_0, t_1, t_2, \dots\}$ 中存在子列 $\{t_{\varrho_k} : k = 0, 1, 2, \dots\}$ 满足 $\varrho_0 = 0$, $t_{\varrho_{k+1}} - t_{\varrho_k} < \varsigma$, $\varsigma > 0$ 为子列时间间隔上限，使得任意的联合图 $\bigcup_{r=\varrho_k}^{\varrho_{k+1}} \mathcal{G}_{\epsilon(t_r)}$ 是连通的。

假设 6.4 $\gamma_{i,3}^o \neq 0$。

假设 6.5 矩阵 S_0 以及 Ψ_i 的特征值均具有零实部。

注 6.2 假设 6.1 与 6.3 分别为针对领随集群系统和非领随集群系统的通信网络联合联通条件。联合联通条件是一类非常宽松的通信网络条件，它不需要假定通信网络在所有时刻都是联通的，因此更加符合实际应用中的通信网络状况。下一节分布式输出观测器的设计依赖于假设 6.2。假设 6.4 保证了 (A_i^o, B_i^o) 是能控的。假设 6.5 排除了指数发散与指数收敛的指令信号，这两类信号在实际应用中并不常见。

6.2 控制算法设计

半准位置反馈分布式鲁棒编队控制算法由三部分组成。首先，利用分布式输出观测器估计集群全局轨迹。其次，设计半准位置估计器，利用智能体间的相对位置估计每个智能体的半准位置。最后，设计鲁棒跟踪控制器，使得每一个智能体跟踪其期望轨迹。具体设计步骤如下。

6.2.1 分布式输出观测器

假设系统 (6.3) 中矩阵 S_0 的最小多项式为

$$\Psi_{S_0}^m(\lambda) = \lambda^\iota + \kappa_{0,1}\lambda^{\iota-1} + \cdots + \kappa_{0,\iota-1}\lambda + \kappa_{0,\iota} \tag{6.6}$$

其中，$\iota \leqslant q$。令 $\kappa_0 = \mathrm{col}(\kappa_{0,1}, \ldots, \kappa_{0,\iota}) \in \mathbb{R}^\iota$。根据最小多项式的性质，有

$$S_0^\iota + \kappa_{0,1} S_0^{\iota-1} + \cdots + \kappa_{0,\iota-1} S_0 + \kappa_{0,\iota} I_q = 0$$

由于对 $k = 0, 1, \ldots, \iota$，$y_0^{(k)}(t) = C_0 S_0^k r_0(t)$，因此有

$$y_0^{(\iota)}(t) + \kappa_{0,1} y_0^{(\iota-1)}(t) + \cdots + \kappa_{0,\iota-1} y_0^{(1)}(t) + \kappa_{0,\iota} y_0(t)$$

$$= C_0 S_0^\iota r_0(t) + \kappa_{0,1} C_0 S_0^{\iota-1} r_0(t) + \cdots + \kappa_{0,\iota-1} C_0 S_0 r_0(t) + \kappa_{0,\iota} C_0 r_0(t)$$

$$\hspace{8cm}(6.7)$$

$$= C_0(S_0^\iota + \kappa_{0,1} S_0^{\iota-1} + \cdots + \kappa_{0,\iota-1} S_0 + \kappa_{0,\iota} I_q) r_0(t)$$

$$= 0$$

令

$$\zeta_0(t) = \mathrm{col}\big(y_0(t), y_0^{(1)}(t), \ldots, y_0^{(\iota-1)}(t)\big) \in \mathbb{R}^{p\iota}$$

$$\mathcal{S}_0 = \begin{bmatrix} 0 & 1 & \cdots & 0 \\ \vdots & \vdots & \ddots & \vdots \\ 0 & 0 & \cdots & 1 \\ -\kappa_{0,\iota} & -\kappa_{0,\iota-1} & \cdots & -\kappa_{0,1} \end{bmatrix} \in \mathbb{R}^{\iota \times \iota}$$

$$\mathcal{C}_0 = [1 \quad 0 \quad \cdots \quad 0] \in \mathbb{R}^{1 \times \iota}$$

则有

$$\dot{\zeta}_0(t) = (\mathcal{S}_0 \otimes I_p)\zeta_0(t)$$

$$\hspace{8cm}(6.8)$$

$$y_0(t) = (\mathcal{C}_0 \otimes I_p)\zeta_0(t)$$

由于 $(\mathcal{C}_0, \mathcal{S}_0)$ 是能观的，因此代数里卡蒂方程

$$P_0 \mathcal{S}_0^T + \mathcal{S}_0 P_0 - P_0 \mathcal{C}_0^T \mathcal{C}_0 P_0 + I_\iota = 0$$

存在唯一的正定解 $P_0 \in \mathbb{R}^{\iota \times \iota}$。

对于 $i \in \underline{N}$，分布式输出观测器的第一部分为

$$\dot{\kappa}_i(t) = \mu_\kappa \left(\sum_{j=1}^N a_{ij}(t)\big(\kappa_j(t) - \kappa_i(t)\big) + a_{i0}(t)\big(\kappa_0 - \kappa_i(t)\big) \right) \hspace{1cm}(6.9)$$

其中，$\kappa_i(t) = \text{col}\big(\kappa_{i,1}(t), \ldots, \kappa_{i,\iota}(t)\big) \in \mathbb{R}^\iota$，$\mu_\kappa > 0$。

定义

$$
\mathcal{S}_i(t) = \begin{bmatrix} 0 & 1 & \ldots & 0 \\ \vdots & \vdots & \ddots & \vdots \\ 0 & 0 & \ldots & 1 \\ -\kappa_{i,\iota}(t) & -\kappa_{i,\iota-1}(t) & \ldots & -\kappa_{i,1}(t) \end{bmatrix} \in \mathbb{R}^{\iota \times \iota}
$$

对于任意的 $t \geqslant 0$，$(\mathcal{C}_0, \mathcal{S}_i(t))$ 都是能观的。因此，在任意时刻代数里卡蒂方程

$$
P_i(t)\mathcal{S}_i(t)^T + \mathcal{S}_i(t)P_i(t) - P_i(t)\mathcal{C}_0^T\mathcal{C}_0 P_i(t) + I_\iota = 0
$$

都存在唯一的正定解 $P_i(t) \in \mathbb{R}^{\iota \times \iota}$。令 $L_i(t) = P_i(t)\mathcal{C}_0^T$。分布式输出观测器的第二部分为

$$
\dot{\zeta}_i(t) = \big(\mathcal{S}_i(t) \otimes I_p\big)\zeta_i(t)
$$
$$
+ \mu_\zeta\big(L_i(t) \otimes I_p\big)\left(\sum_{j=1}^{N} a_{ij}(t)\big(\xi_j(t) - \xi_i(t)\big) + a_{i0}(t)\big(y_0(t) - \xi_i(t)\big)\right)
$$
$$
\xi_i(t) = \big(\mathcal{C}_0 \otimes I_p\big)\zeta_i(t)
$$

$$(6.10)$$

其中 $\zeta_i(t) \in \mathbb{R}^{p\iota}$ 为对 $\zeta_0(t)$ 的估计，$\xi_i(t) \in \mathbb{R}^p$ 为对 $y_0(t)$ 的估计，$\mu_\zeta > 0$ 为增益。

引理 6.1 给定系统 (6.3)、(6.9)、(6.10) 以及由切换图 $\bar{\mathcal{G}}_{\epsilon(t)}$ 描述的通信网络，在假设 6.1、6.2及 6.5 下，对于任意的 $\mu_\kappa > 0$，$\mu_\zeta > 0$，以及任意的系统初始状态，有：

$$
\lim_{t \to \infty} \big(\kappa_i(t) - \kappa_0\big) = 0
$$
$$
\lim_{t \to \infty} \big(\zeta_i(t) - \zeta_0(t)\big) = 0
$$
$$
\lim_{t \to \infty} \big(\xi_i(t) - y_0(t)\big) = 0
$$

$$(6.11)$$

证明 令 $\tilde{\kappa}_i(t) = \kappa_i(t) - \kappa_0$，$\tilde{\kappa} = \text{col}(\tilde{\kappa}_1(t), \ldots, \tilde{\kappa}_N(t))$。由 (6.9) 可得：

$$
\dot{\tilde{\kappa}}(t) = -\mu_\kappa(H_{\epsilon(t)} \otimes I_\iota)\tilde{\kappa}(t)
$$

$$(6.12)$$

在假设 6.1 下，对于任意的 $\mu_\kappa > 0$，根据 [79] 中推论 2.3 可得 $\lim_{t \to \infty} \tilde{\kappa}(t) = 0$。因此有

$$\lim_{t \to \infty} \big(\kappa_i(t) - \kappa_0\big) = 0$$

$$\lim_{t \to \infty} \big(\mathcal{S}_i(t) - \mathcal{S}_0\big) = 0$$

$$\lim_{t \to \infty} \big(P_i(t) - P_0\big) = 0$$

令 $\tilde{\zeta}_i(t) = \zeta_i(t) - \zeta_0(t)$，$\tilde{\mathcal{S}}_i(t) = \mathcal{S}_i(t) - \mathcal{S}_0$，$\tilde{P}_i(t) = P_i(t) - P_0$，结合 (6.8) 和 (6.10) 可得

$$
\begin{aligned}
\dot{\tilde{\zeta}}_i(t) ={}& \big(\mathcal{S}_i(t) \otimes I_p\big)\zeta_i(t) - \big(\mathcal{S}_0 \otimes I_p\big)\zeta_0(t) + \mu_\zeta \Big(\big(P_i(t)\mathcal{C}_0^T\big) \otimes I_p\Big)\big(\mathcal{C}_0 \otimes I_p\big) \\
&\cdot \left(\sum_{j=1}^{N} a_{ij}(t)\big(\zeta_j(t) - \zeta_i(t)\big) + a_{i0}(t)\big(\zeta_0(t) - \zeta_i(t)\big)\right) \\
={}& \big(\mathcal{S}_0 \otimes I_p\big)\tilde{\zeta}_i(t) + \big(\tilde{\mathcal{S}}_i(t) \otimes I_p\big)\zeta_i(t) \\
&+ \mu_\zeta \big((P_0\mathcal{C}_0^T\mathcal{C}_0) \otimes I_p\big)\left(\sum_{j=0}^{N} a_{ij}(t)\big(\tilde{\zeta}_j(t) - \tilde{\zeta}_i(t)\big)\right) \\
&+ \mu_\zeta \Big((\tilde{P}_i(t)\mathcal{C}_0^T\mathcal{C}_0) \otimes I_p\Big)\left(\sum_{j=0}^{N} a_{ij}(t)\big(\tilde{\zeta}_j(t) - \tilde{\zeta}_i(t)\big)\right)
\end{aligned}
\tag{6.13}
$$

令 $\tilde{\zeta}(t) = \mathrm{col}\big(\tilde{\zeta}_1(t), \ldots, \tilde{\zeta}_N(t)\big)$，$\tilde{\mathcal{S}}_D(t) = \mathcal{D}\big(\tilde{\mathcal{S}}_1(t), \ldots, \tilde{\mathcal{S}}_N(t)\big)$，$\tilde{P}_D(t) = \mathcal{D}\big(\tilde{P}_1(t), \ldots, \tilde{P}_N(t)\big)$，根据 (6.13)，有：

$$
\begin{aligned}
\dot{\tilde{\zeta}}(t) ={}& \Big(I_N \otimes (\mathcal{S}_0 \otimes I_p) - \mu_\zeta \big(H_{\epsilon(t)} \otimes (P_0\mathcal{C}_0^T\mathcal{C}_0) \otimes I_p\big)\Big)\tilde{\zeta}(t) \\
&+ \Big(\tilde{\mathcal{S}}_D(t) \otimes I_p - \mu_\zeta \big(\tilde{P}_D(t)(H_{\epsilon(t)} \otimes \mathcal{C}_0^T\mathcal{C}_0) \otimes I_p\big)\Big)\tilde{\zeta}(t) \\
&+ \big(\tilde{\mathcal{S}}_D(t) \otimes I_p\big)\big(1_N \otimes \zeta_0(t)\big) \\
={}& \left(\Big(\big(I_N \otimes \mathcal{S}_0 - \mu_\zeta\big(H_{\epsilon(t)} \otimes (P_0\mathcal{C}_0^T\mathcal{C}_0)\big)\big) \otimes I_p\right)\tilde{\zeta}(t) \\
&+ \Big(\tilde{\mathcal{S}}_D(t) \otimes I_p - \mu_\zeta \big(\tilde{P}_D(t)(H_{\epsilon(t)} \otimes \mathcal{C}_0^T\mathcal{C}_0) \otimes I_p\big)\Big)\tilde{\zeta}(t) \\
&+ \big(\tilde{\mathcal{S}}_D(t) \otimes I_p\big)\big(1_N \otimes \zeta_0(t)\big)
\end{aligned}
\tag{6.14}
$$

在假设 6.1、6.2 及 6.5 下，对任意的 $\mu_\zeta > 0$，根据文献 [79] 中的定理 4.1，对于任意的系统初值，以下系统

$$\dot{\tilde{\zeta}}(t) = \left(\left(\left(I_N \otimes \mathcal{S}_0 - \mu_\zeta \left(H_{\epsilon(t)} \otimes (P_0 \mathcal{C}_0^T \mathcal{C}_0) \right) \right) \otimes I_p \right) \tilde{\zeta}(t) \right.$$

在原点处是指数稳定的。又由于

$$\lim_{t \to \infty} \left(\tilde{\mathcal{S}}_D(t) \otimes I_p - \mu_\zeta \left(\tilde{P}_D(t)(H_{\epsilon(t)} \otimes \mathcal{C}_0^T \mathcal{C}_0) \otimes I_p \right) \right) = 0$$

$$\lim_{t \to \infty} \left(\tilde{\mathcal{S}}_D(t) \otimes I_p \right) \left(1_N \otimes \zeta_0(t) \right) = 0$$

根据文献 [79] 中的引理 2.8，对于任意的初值 $\tilde{\zeta}(0)$，有 $\lim_{t \to \infty} \tilde{\zeta}(t) = 0$，因此 $\lim_{t \to \infty} \left(\zeta_i(t) - \zeta_0(t) \right) = 0$ 且 $\lim_{t \to \infty} \left(\xi_i(t) - y_0(t) \right) = 0$。

注 6.3 分布式输出观测器 (6.9)、(6.10) 通过满足联合联通条件的通信网络 $\bar{\mathcal{G}}_{\epsilon(t)}$ 为每一个智能体估计集群全局轨迹 $y_0(t)$，因此不需要每个智能体提前预知集群全局轨迹。

6.2.2 半准位置估计器

对于 $i \in \underline{N}$，利用智能体间的相对位置，设计半准位置估计器如下：

$$\dot{\varpi}_i(t) = v_i(t) + \mu_\varpi \sum_{j=1}^{N} a_{ij}(t) \left(\varpi_j(t) - \varpi_i(t) - y_{ji}(t) \right) \tag{6.15}$$

$$y_{ji}(t) = y_j(t) - y_i(t)$$

其中，$\varpi_i(t) \in \mathbb{R}^p$，$\mu_\varpi > 0$。令 $\check{\varpi}_i(t) = \varpi_i(t) - y_i(t)$，有以下结论。

引理 6.2 给定系统 (6.1)、(6.15) 以及由切换图 $\mathcal{G}_{\epsilon(t)}$ 描述的通信网络，在假设 6.3 下，对于任意的 $\mu_\varpi > 0$ 以及任意的系统初始状态，存在常值向量 $\varpi_c \in \mathbb{R}^p$，满足：

$$\lim_{t \to \infty} \check{\varpi}_i(t) = \varpi_c \tag{6.16}$$

证明 结合 (6.1) 和 (6.15) 可得

$$\dot{\check{\varpi}}_i(t) = v_i(t) + \mu_\varpi \sum_{j=1}^{N} a_{ij}(t) \left(\varpi_j(t) - \varpi_i(t) - y_{ji}(t) \right) - v_i(t)$$

$$= \mu_\varpi \sum_{j=1}^{N} a_{ij}(t) \left(\check{\varpi}_j(t) - \check{\varpi}_i(t) \right) \tag{6.17}$$

在假设 6.3 下，根据文献 [93] 的定理 2.8，对于任意的 $\mu_{\varpi} > 0$，存在常值向量 $\varpi_c \in \mathbb{R}^p$ 满足 $\lim_{t\to\infty} \tilde{\varpi}_i(t) = \varpi_c$。

注 6.4　根据引理 6.2，$\varpi_i(t) - y_i(t) - \varpi_c \to 0$。因此，若 $\varpi_c = 0$，则 $\varpi_i(t)$ 为智能体位置 $y_i(t)$ 的准确估计。ϖ_c 的值由 (6.15) 的初值以及通信网络 $\mathcal{G}_{\epsilon(t)}$ 共同决定，在实际应用中无法保证其值为零。然而位置估计的偏差对所有智能体均为 ϖ_c，因此称 (6.15) 为半准位置估计器。

6.2.3　鲁棒跟踪控制器

基于半准位置估计器，首先对问题 6.1 进行转化。对 $i \in \underline{N}$，定义 $\hat{y}_i(t) = y_i(t) + \varpi_c$，$\tilde{\varpi}_i(t) = \varpi_i(t) - \hat{y}_i(t)$，根据引理 6.2，$\lim_{t\to\infty} \tilde{\varpi}_i(t) = 0$。以 $\hat{y}_i(t)$ 为状态，系统 (6.1) 转化为以下形式：

$$\dot{\hat{y}}_i(t) = v_i(t)$$

$$\dot{v}_i(t) = \gamma_{i,1}(\hat{y}_i(t) - \varpi_c) + \gamma_{i,2}v_i(t) + \gamma_{i,3}u_i(t) \qquad (6.18)$$

$$= \gamma_{i,1}\hat{y}_i(t) + \gamma_{i,2}v_i(t) + \gamma_{i,3}u_i(t) - \gamma_{i,1}\varpi_c$$

定义 $e_i(t) = \hat{y}_i(t) - y_0(t) - y_{bi}(t)$，则有

$$y_i(t) - y_0(t) - y_{bi}(t) + \varpi_c = y_i(t) + e_i(t) - \hat{y}_i(t) + \varpi_c = e_i(t) \qquad (6.19)$$

对 $i \in \underline{N}$，令 $\bar{r}_i(t) = \mathrm{col}\big(1, r_0(t), h_i(t)\big) \in \mathbb{R}^{1+q+q_{hi}}$，$\bar{S}_i = \mathcal{D}(0, S_0, \Psi_i) \in \mathbb{R}^{(1+q+q_{hi})\times(1+q+q_{hi})}$，则 $\bar{r}_i(t)$ 满足

$$\dot{\bar{r}}_i(t) = \bar{S}_i\bar{r}_i(t) \qquad (6.20)$$

令 $\hat{x}_i(t) = \mathrm{col}\big(\hat{y}_i(t), v_i(t)\big) \in \mathbb{R}^{2p}$，则 (6.18) 可以写成如下紧凑形式：

$$\dot{\hat{x}}_i(t) = A_i\hat{x}_i(t) + B_iu_i(t) + E_i\bar{r}_i(t)$$
$$e_i(t) = C_i\hat{x}_i(t) + F_i\bar{r}_i(t) \qquad (6.21)$$

其中，

$$E_i = \begin{bmatrix} 0_{p\times 1} & 0_{p\times(q+q_{hi})} \\ -\gamma_{i,1}\varpi_c & 0_{p\times(q+q_{hi})} \end{bmatrix} \in \mathbb{R}^{2p\times(1+q+q_{hi})}$$

$$F_i = [0 \quad -C_0 \quad -\psi_i] \in \mathbb{R}^{p \times (1+q+q_{hi})}$$

取 $y_c = -\varpi_c$，则问题 6.1 可以转化为以下问题。

问题 6.2 给定系统 (6.20)、(6.21) 以及由切换图 $\bar{\mathcal{G}}_{\epsilon(t)}$ 描述的通信网络，设计分布式控制律 $u_i(t)$，使得存在原点附近的开邻域 $\mathbb{W} \in \mathbb{R}^3$，满足对任意的 $w_i \in \mathbb{W}$ 以及任意的系统初始状态，有

$$\lim_{t \to \infty} e_i(t) = 0 \tag{6.22}$$

注 6.5 问题 6.2 的解给问题 6.1 的解决提供了一种可行的方式，其编队偏差 y_c 取决于半准位置估计器的位置估计偏差 ϖ_c。

接下来，给出解决问题 6.2 的鲁棒跟踪控制器。假定

$$\Phi_{\bar{S}_i}^m = \lambda(\lambda^{\iota+\vartheta_i} + \alpha_{i,1}^o \lambda^{\iota+\vartheta_i-1} + \cdots + \alpha_{i,\iota+\vartheta_i-1}^o \lambda + \alpha_{i,\iota+\vartheta}^o) \tag{6.23}$$

其中，$\vartheta_i \leqslant q_{hi}$ 为矩阵 Ψ_i 最小多项式的阶次。定义

$$g_{i,1}^o = \begin{bmatrix} 0 & 1 & 0 & \ldots & 0 \\ 0 & 0 & 1 & \ldots & 0 \\ \vdots & \vdots & \vdots & \ddots & \vdots \\ 0 & 0 & 0 & \ldots & 1 \\ 0 & -\alpha_{i,\iota+\vartheta}^o & -\alpha_{i,\iota+\vartheta_i-1}^o & \cdots & -\alpha_{i,1}^o \end{bmatrix} \in \mathbb{R}^{(1+\iota+\vartheta_i)\times(1+\iota+\vartheta_i)}$$

$$g_{i,2} = \begin{bmatrix} 0 \\ 0 \\ \vdots \\ 0 \\ 1 \end{bmatrix} \in \mathbb{R}^{1+\iota+\vartheta_i}$$

$$G_{i,1}^o = I_p \otimes g_{i,1}^o \in \mathbb{R}^{p(1+\iota+\vartheta_i)\times p(1+\iota+\vartheta_i)}$$

$$G_{i,2} = I_p \otimes g_{i,2} \in \mathbb{R}^{p(1+\iota+\vartheta_i)\times p}$$

根据文献 [77] 中定义 1.22，$(G_{i,1}^o, G_{i,2})$ 为矩阵 $\bar{S}_i$ 的 p 重内模。

接下来，定义 $\bar{\mathcal{S}}_i(t) = \mathcal{D}(0, \mathcal{S}_i(t), \Psi_i) \in \mathbb{R}^{(1+q+q_{hi}) \times (1+q+q_{hi})}$。注意到在 (6.23) 中，系数 $\alpha_{i,j}^o$ 为 κ_0 的函数，用 $\kappa_i(t)$ 替代 κ_0，可以得到

$$\Phi_{\bar{\mathcal{S}}_i(t)}^m = \lambda\big(\lambda^{\iota+\vartheta_i} + \alpha_{i,1}^o(t)\lambda^{\iota+\vartheta_i-1} + \cdots + \alpha_{i,\iota+\vartheta_i-1}^o(t)\lambda + \alpha_{i,\iota+\vartheta}^o(t)\big) \tag{6.24}$$

定义

$$g_{i,1}(t) = \begin{bmatrix} 0 & 1 & 0 & \ldots & 0 \\ 0 & 0 & 1 & \ldots & 0 \\ \vdots & \vdots & \vdots & \ddots & \vdots \\ 0 & 0 & 0 & \ldots & 1 \\ 0 & -\alpha_{i,\iota+\vartheta}(t) & -\alpha_{i,\iota+\vartheta_i-1}(t) & \ldots & -\alpha_{i,1}(t) \end{bmatrix} \in \mathbb{R}^{(1+\iota+\vartheta_i)\times(1+\iota+\vartheta_i)}$$

$$G_{i,1}(t) = I_p \otimes g_{i,1}(t) \in \mathbb{R}^{p(1+\iota+\vartheta_i)\times p(1+\iota+\vartheta_i)}$$

则 $\big(G_{i,1}(t), G_{i,2}\big)$ 为矩阵 $\bar{\mathcal{S}}_i(t)$ 的 p 重内模。由于 $\lim_{t\to\infty}\big(G_{i,1}(t) - G_{i,1}^o\big) = 0$，因此称 $\big(G_{i,1}(t), G_{i,2}\big)$ 为矩阵 $\bar{\mathcal{S}}_i$ 的 p 重渐近内模。

定义矩阵

$$\bar{A}_i^o(t) = \begin{bmatrix} A_i^o & 0_{2p \times p(1+\iota+\vartheta_i)} \\ G_{i,2}C_i & G_{i,1}(t) \end{bmatrix} \in \mathbb{R}^{p(3+\iota+\vartheta_i) \times p(3+\iota+\vartheta_i)}$$

$$\bar{B}_i^o = \begin{bmatrix} B_i^o \\ 0_{p(1+\iota+\vartheta_i) \times p} \end{bmatrix} \in \mathbb{R}^{p(3+\iota+\vartheta_i) \times p}$$

在假设 6.4 下，$\gamma_{i,3}^o \neq 0$。此时，对于任意的 $\lambda \in \sigma\big(\bar{\mathcal{S}}_i(t)\big)$，

$$\text{rank}\begin{bmatrix} A_i^o - \lambda I_{2p} & B_i^o \\ C_i & 0_{p \times p} \end{bmatrix} = \begin{bmatrix} -\lambda I_p & I_p & 0_{p \times p} \\ \gamma_{i,1}^o I_p & (\gamma_{i,2}^o - \lambda)I_p & \gamma_{i,3}^o I_p \\ I_p & 0_{p \times p} & 0_{p \times p} \end{bmatrix} = 3p$$

又因为 (A_i^o, B_i^o) 是能控的，$\big(G_{i,1}(t), G_{i,2}\big)$ 为矩阵 $\bar{\mathcal{S}}_i(t)$ 的 p 重内模，依据文献 [79] 中引理 7.6，$\big(\bar{A}_i^o(t), \bar{B}_i^o\big)$ 是可镇定的。取 $\mu_K > 0$，代数里卡蒂方程

$$\Lambda_i(t)\bar{A}_i^o(t) + \bar{A}_i^o(t)^T\Lambda_i(t) - \Lambda_i(t)\bar{B}_i^o(\bar{B}_i^o)^T\Lambda_i(t) + \mu_K I_{p(3+\iota+\vartheta_i)} = 0$$

存在唯一的正定解 $\Lambda_i(t) \in \mathbb{R}^{p(3+\iota+\vartheta_i) \times p(3+\iota+\vartheta_i)}$。对于 $i \in \underline{N}$，令 $\varsigma_i(t) = \mathrm{col}\big(\varpi_i(t), v_i(t)\big)$，鲁棒跟踪控制器设计如下：

$$u_i(t) = K_{i,1}(t)\varsigma_i(t) + K_{i,2}(t)z_i(t)$$
$$\dot{z}_i(t) = G_{i,1}(t)z_i(t) + G_{i,2}\hat{e}_i(t) \tag{6.25}$$
$$\hat{e}_i(t) = \varpi_i(t) - \xi_i(t) - y_{bi}(t)$$

其中，$K_{i,1}(t) \in \mathbb{R}^{p \times 2p}$，$K_{i,2}(t) \in \mathbb{R}^{p \times p(1+\iota+\vartheta_i)}$ 为

$$[K_{i,1}(t) \quad K_{i,2}(t)] = K_i(t) = -\gamma_i(\bar{B}_i^o)^T\Lambda_i(t) \in \mathbb{R}^{p \times p(3+\iota+\vartheta_i)}$$

$\gamma_i > 0$ 为控制增益。

半准位置反馈分布式鲁棒编队控制算法由分布式输出观测器 (6.9)、(6.10)，半准位置估计器 (6.15) 和鲁棒跟踪控制器 (6.25)共同构成，各部分之间的信息流如图 6.1 所示。

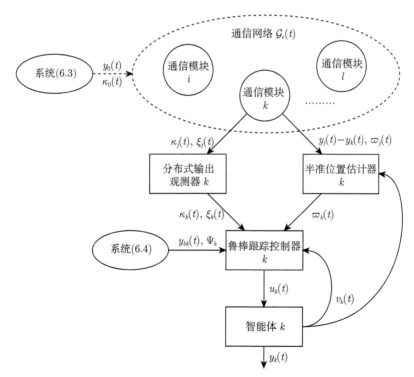

图 6.1 半准位置反馈分布式鲁棒编队控制算法信息流图

6.3   主要结论证明

定理 6.1   给定系统 (6.20)、(6.21) 以及由切换图 $\bar{\mathcal{G}}_{\epsilon(t)}$ 描述的通信网络，在假设 6.1—6.5 下，取 $\mu_\kappa > 0$、$\mu_\zeta > 0$、$\mu_\varpi > 0$、$\mu_K > 0$、$\gamma_i \geqslant 1/2$，则问题 6.2 可以由半准位置反馈分布式鲁棒编队控制算法 [由 (6.9)、(6.10)、(6.15)、(6.25) 构成] 解决。

证明   对于 $i \in \underline{N}$，定义：

$$\hat{A}_i^o = \begin{bmatrix} A_i^o & 0_{2p \times p(1+\iota+\vartheta_i)} \\ G_{i,2}C_i & G_{i,1}^o \end{bmatrix} \in \mathbb{R}^{p(3+\iota+\vartheta_i) \times p(3+\iota+\vartheta_i)}$$

由于 $\gamma_{i,3}^o \neq 0$，对于任意的 $\lambda \in \sigma(\bar{S}_i)$，

$$\text{rank}\begin{bmatrix} A_i^o - \lambda I_{2p} & B_i^o \\ C_i & 0_{p \times p} \end{bmatrix} = \begin{bmatrix} -\lambda I_p & I_p & 0_{p \times p} \\ \gamma_{i,1}^o I_p & (\gamma_{i,2}^o - \lambda)I_p & \gamma_{i,3}^o I_p \\ I_p & 0_{p \times p} & 0_{p \times p} \end{bmatrix} = 3p$$

又因为 (A_i^o, B_i^o) 是能控的，$(G_{i,1}^o, G_{i,2})$ 为矩阵 $\bar{S}_i$ 的 p 重内模，根据文献 [79] 中引理 7.6，$(\hat{A}_i^o, \bar{B}_i^o)$ 是可镇定的。因此代数里卡蒂方程

$$\hat{\Lambda}_i \hat{A}_i^o + (\hat{A}_i^o)^T \hat{\Lambda}_i - \hat{\Lambda}_i \bar{B}_i^o (\bar{B}_i^o)^T \hat{\Lambda}_i + \mu_K I_{p(3+\iota+\vartheta_i)} = 0$$

存在唯一的正定解 $\hat{\Lambda}_i \in \mathbb{R}^{p(3+\iota+\vartheta_i) \times p(3+\iota+\vartheta_i)}$。取 $\hat{K}_i = -\gamma_i(\bar{B}_i^o)^T \hat{\Lambda}_i \in \mathbb{R}^{p \times p(3+\iota+\vartheta_i)}$，$\hat{K}_i = \begin{bmatrix} \hat{K}_{i,1} & \hat{K}_{i,2} \end{bmatrix}$，$\hat{K}_{i,1} \in \mathbb{R}^{p \times 2p}$，$\hat{K}_{i,2} \in \mathbb{R}^{p \times p(1+\iota+\vartheta_i)}$。根据引理 6.1 和文献 [94] 中引理 2.2，有 $\lim_{t \to \infty}(\bar{A}_i^o(t) - \hat{A}_i^o) = 0$，$\lim_{t \to \infty}(\Lambda_i(t) - \hat{\Lambda}_i) = 0$。进一步可得 $\lim_{t \to \infty}(K_{i,1}(t) - \hat{K}_{i,1}) = 0$，$\lim_{t \to \infty}(K_{i,2}(t) - \hat{K}_{i,2}) = 0$。

令

$$\hat{A}_{ci}^o \triangleq \hat{A}_i^o + \bar{B}_i^o \hat{K}_i = \begin{bmatrix} A_i^o + B_i^o \hat{K}_{i,1} & B_i^o \hat{K}_{i,2} \\ G_{i,2}C_i & G_{i,1}^o \end{bmatrix}$$

根据文献 [79] 中引理 2.12，若 $\gamma_i \geqslant 1/2$，则矩阵 $\hat{A}_{ci}^o$ 是赫尔维茨矩阵。因此，存在一个原点附近的开邻域 $\mathbb{W} \in \mathbb{R}^3$，使得对任意的 $w_i \in \mathbb{W}$，矩阵

$$\hat{A}_{ci} \triangleq \begin{bmatrix} A_i + B_i \hat{K}_{i,1} & B_i \hat{K}_{i,2} \\ G_{i,2}C_i & G_{i,1}^o \end{bmatrix}$$

也是赫尔维茨矩阵。因为 $(G^o_{i,1}, G_{i,2})$ 为 $\bar{S}_i$ 的 p 重内模，根据文献 [77] 中引理 1.27，如下矩阵方程：

$$X_i \bar{S}_i = (A_i + B_i \hat{K}_{i,1}) X_i + B_i \hat{K}_{i,2} Z_i + E_i \tag{6.26a}$$

$$Z_i \hat{S}_0 = G^o_{i,1} Z_i + G_{i,2}(C_i X_i + F_i) \tag{6.26b}$$

存在唯一解 (X_i, Z_i)，且满足

$$0 = C_i X_i + F_i \tag{6.27}$$

令 $\tilde{K}_{i,1}(t) = K_{i,1}(t) - \hat{K}_{i,1}$，$\tilde{K}_{i,2}(t) = K_{i,2}(t) - \hat{K}_{i,2}$，$\tilde{G}_{i,1}(t) = G_{i,1}(t) - G^o_{i,1}$，$\tilde{\varsigma}_i(t) = \varsigma_i(t) - \hat{x}_i(t)$，$\tilde{\xi}_i(t) = \xi_i(t) - y_0(t)$。由 (6.21)、(6.25) 可得

$$
\begin{aligned}
\dot{\hat{x}}_i(t) &= A_i \hat{x}_i(t) + B_i u_i(t) + E_i \bar{r}_i(t) \\
&= A_i \hat{x}_i(t) + B_i K_{i,1}(t) \varsigma_i(t) + B_i K_{i,2}(t) z_i(t) + E_i \bar{r}_i(t) \\
&= (A_i + B_i \hat{K}_{i,1}) \hat{x}_i(t) + B_i \hat{K}_{i,2} z_i(t) + B_i \hat{K}_{i,1} \tilde{\varsigma}_i(t) + B_i \tilde{K}_{i,1}(t) \varsigma_i(t) \\
&\quad + B_i \tilde{K}_{i,2}(t) z_i(t) + E_i \bar{r}_i(t)
\end{aligned}
\tag{6.28}
$$

$$
\begin{aligned}
\dot{z}_i(t) &= G_{i,1}(t) z_i(t) + G_{i,2} \hat{e}_i(t) \\
&= G^o_{i,1} z_i(t) + \tilde{G}_{i,1}(t) z_i(t) + G_{i,2}\big(\varpi_i(t) - \xi_i(t) + e_i(t) - \hat{y}_i(t) + y_0(t)\big) \\
&= G^o_{i,1} z_i(t) + G_{i,2} C_i \hat{x}_i(t) + G_{i,2} F_i \bar{r}_i(t) + \tilde{G}_{i,1}(t) z_i(t) - G_{i,2} \tilde{\xi}_i(t) + G_{i,2} \varpi_i(t)
\end{aligned}
\tag{6.29}
$$

再令 $\tilde{x}_i(t) = \hat{x}_i(t) - X_i \bar{r}_i(t)$，$\tilde{z}_i(t) = z_i(t) - Z_i \bar{r}_i(t)$，结合 (6.26)、(6.28) 和 (6.29)，有：

$$
\begin{aligned}
\dot{\tilde{x}}_i(t) &= (A_i + B_i \hat{K}_{i,1}) \hat{x}_i(t) + B_i \hat{K}_{i,2} z_i(t) + B_i \hat{K}_{i,1} \tilde{\varsigma}_i(t) + B_i \tilde{K}_{i,1}(t) \varsigma_i(t) \\
&\quad + B_i \tilde{K}_{i,2}(t) z_i(t) + E_i \bar{r}_i(t) - X_i \bar{S}_i \bar{r}_i(t) \\
&= (A_i + B_i \hat{K}_{i,1}) \tilde{x}_i(t) + B_i \hat{K}_{i,2} \tilde{z}_i(t) + B_i \hat{K}_{i,1} \tilde{\varsigma}_i(t) + B_i \tilde{K}_{i,1}(t) \varsigma_i(t) \\
&\quad + B_i \tilde{K}_{i,2}(t) z_i(t)
\end{aligned}
\tag{6.30}
$$

$$\dot{z}_i(t) = G_{i,1}^o z_i(t) + G_{i,2} C_i \hat{x}_i(t) + G_{i,2} F_i \bar{r}_i(t) + \tilde{G}_{i,1}(t) z_i(t) - G_{i,2} \tilde{\xi}_i(t)$$

$$+ G_{i,2} \tilde{\varpi}_i(t) - Z_i \bar{S}_i \bar{r}_i(t) \tag{6.31}$$

$$= G_{i,1}^o \tilde{z}_i(t) + G_{i,2} C_i \tilde{x}_i(t) + \tilde{G}_{i,1}(t) z_i(t) - G_{i,2} \tilde{\xi}_i(t) + G_{i,2} \tilde{\varpi}_i(t)$$

取 $\varphi_i(t) = \mathrm{col}\big(\tilde{x}_i(t), \tilde{z}_i(t)\big)$，合并 (6.30) 和 (6.31) 可得：

$$\dot{\varphi}_i(t) = \hat{A}_{ci} \varphi_i(t) + \begin{bmatrix} B_i \hat{K}_{i,1} \tilde{\varsigma}_i(t) + B_i \tilde{K}_{i,1}(t) \varsigma_i(t) + B_i \tilde{K}_{i,2}(t) z_i(t) \\ \tilde{G}_{i,1}(t) z_i(t) - G_{i,2} \tilde{\xi}_i(t) + G_{i,2} \tilde{\varpi}_i(t) \end{bmatrix} \tag{6.32}$$

依据引理 6.1 和 6.2，$\lim_{t\to\infty} \tilde{K}_{i,1}(t) = 0$，$\lim_{t\to\infty} \tilde{K}_{i,2}(t) = 0$，$\lim_{t\to\infty} \tilde{G}_{i,1}(t) = 0$，$\lim_{t\to\infty} \tilde{\varsigma}_i(t) = 0$，$\lim_{t\to\infty} \tilde{\xi}_i(t) = 0$，$\lim_{t\to\infty} \tilde{\varpi}_i(t) = 0$。又因为矩阵 $\hat{A}_{ci}$ 是赫尔维茨矩阵，根据文献 [95] 的引理 1，可推知 $\lim_{t\to\infty} \varphi_i(t) = 0$，因此有 $\lim_{t\to\infty} \tilde{x}_i(t) = 0$，$\lim_{t\to\infty} \tilde{z}_i(t) = 0$。

将 (6.27) 代入 (6.21) 中，$e_i(t)$ 可变换为

$$e_i(t) = C_i \hat{x}_i(t) + F_i \bar{r}_i(t)$$

$$= C_i \tilde{x}_i(t) + C_i X_i \bar{r}_i(t) + F_i \bar{r}_i(t) \tag{6.33}$$

$$= C_i \tilde{x}_i(t)$$

因此有 $\lim_{t\to\infty} e_i(t) = 0$。

6.4　算法仿真验证

考虑三维空间中包含 4 个智能体的无人集群系统。智能体系统参数满足 $\gamma_{i,1}^o = 1$，$\gamma_{i,2}^o = -2$，$\gamma_{i,3}^o = 3$，$\Delta\gamma_{i,1} \in [-1, 1]$，$\Delta\gamma_{i,2} \in [-1, 0.6]$，$\Delta\gamma_{i,3} \in [-0.5, 1]$。显然，$\gamma_{i,3}^o$ 满足假设 6.4。

假定集群全局轨迹为 $y_0(t) = \mathrm{col}(t, 0, 5)$，对应系统 (6.3) 中的矩阵和初始状态为

$$S_0 = \begin{bmatrix} 0 & 1 \\ 0 & 0 \end{bmatrix}, \quad C_0 = \begin{bmatrix} 1 & 0 \\ 0 & 0 \\ 0 & 5 \end{bmatrix}, \quad r_0(0) = \begin{bmatrix} 0 \\ 1 \end{bmatrix}$$

此时，S_0 的最小多项式系数 $\kappa_0 = \mathrm{col}(0,0)$。此外，假定个体偏置轨迹为

$$y_{b1}(t) = \mathrm{col}\big(0, 2\cos(0.2t), 2\sin(0.2t)\big)$$

$$y_{b2}(t) = \mathrm{col}\left(0, 2\cos\left(0.2t + \frac{\pi}{2}\right), 2\sin\left(0.2t + \frac{\pi}{2}\right)\right)$$

$$y_{b3}(t) = \mathrm{col}\left(0, 2\cos(0.2t + \pi), 2\sin(0.2t + \pi)\right)$$

$$y_{b4}(t) = \mathrm{col}\left(0, 2\cos\left(0.2t + \frac{3\pi}{2}\right), 2\sin\left(0.2t + \frac{3\pi}{2}\right)\right)$$

对应系统 (6.4) 中的矩阵和初始状态为

$$\Psi_i = \begin{bmatrix} 0 & -0.2 \\ 0.2 & 0 \end{bmatrix}, \ \psi_i = \begin{bmatrix} 0 & 0 \\ 2 & 0 \\ 0 & 2 \end{bmatrix}$$

$$h_1(0) = \begin{bmatrix} 1 \\ 0 \end{bmatrix}, \ h_2(0) = \begin{bmatrix} 0 \\ 1 \end{bmatrix}, \ h_3(0) = \begin{bmatrix} -1 \\ 0 \end{bmatrix}, \ h_4(0) = \begin{bmatrix} 0 \\ -1 \end{bmatrix}$$

显然，矩阵 S_0 及 Ψ_i 满足假设 6.5。根据以上设定，4 个智能体的期望编队为在 yoz 平面上形成正方形队形，并围绕正方形的中心顺时针旋转。同时编队整体沿着 x 轴前进。

无人集群系统的通信网络如图 6.2 所示。切换图 $\bar{\mathcal{G}}_{\epsilon(t)}$ 中的切换信号 $\epsilon(t)$ 为

$$\epsilon(t) = \begin{cases} 1, & 0.3k \leqslant t < 0.3k + 0.05 \\ 2, & 0.3k + 0.05 \leqslant t < 0.3k + 0.1 \\ 3, & 0.3k + 0.1 \leqslant t < 0.3k + 0.15 \\ 4, & 0.3k + 0.15 \leqslant t < 0.3k + 0.2 \\ 5, & 0.3k + 0.2 \leqslant t < 0.3k + 0.25 \\ 6, & 0.3k + 0.25 \leqslant t < 0.3k + 0.3 \end{cases}$$

其中，$k = 0, 1, 2, \ldots$。从图中可以看出，$\bar{\mathcal{G}}_{\epsilon(t)}$ 满足假设 6.1—6.3。

设计半准位置反馈分布式鲁棒编队控制算法，取以下参数 $\mu_\kappa = 30$，$\mu_\zeta = 80$，$\mu_\varpi = 20$，$\mu_K = 10$，$\gamma_i = 20$。每个智能体的初始位置和速度设置为：$y_1(0) =$

$\mathrm{col}(0, -6\mathrm{m}, 0)$，$y_2(0) = \mathrm{col}(0, -2\mathrm{m}, 0)$，$y_3(0) = \mathrm{col}(0, 2\mathrm{m}, 0)$，$y_4(0) = \mathrm{col}(0, 6\mathrm{m}, 0)$，$v_1(0) = v_2(0) = v_3(0) = v_4(0) = 0$。控制算法的初值状态设置为：$\kappa_1(0) = \mathrm{col}(0.053, 0.078)$，$\kappa_2(0) = \mathrm{col}(0.093, 0.013)$，$\kappa_3(0) = \mathrm{col}(0.057, 0.047)$，$\kappa_4(0) = \mathrm{col}(0.001, 0.034)$，$\zeta_1(0) = \zeta_2(0) = \zeta_3(0) = \zeta_4(0) = \mathrm{col}(3, 3, 3, 3, 3, 3)$，$\varpi_1(0) = \mathrm{col}(0.162, 0.794, 0.311)$，$\varpi_2(0) = \mathrm{col}(0.529, 0.166, 0.602)$，$\varpi_3(0) = \mathrm{col}(0.263, 0.654, 0.689)$，$\varpi_4(0) = \mathrm{col}(0.748, 0.451, 0.084)$，$z_1(0) = z_2(0) = z_3(0) = z_4(0) = 0$。

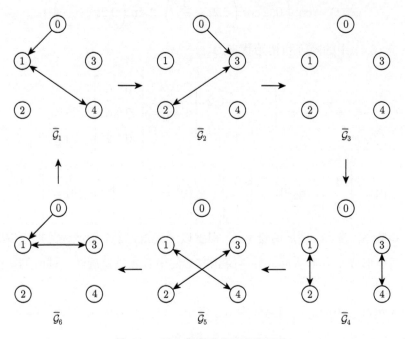

图 6.2   无人集群系统的通信网络

分布式输出观测器 (6.9)、(6.10) 的估计误差曲线如图 6.3 所示，结果表明该观测器能够快速、准确地估计出集群全局轨迹。半准位置估计器 (6.15) 的估计误差曲线如图 6.4 所示。可以看到所有智能体的位置估计误差随时间快速收敛到一个共同的常向量：$\varpi_c = \mathrm{col}(0.43, 0.52, 0.42)$。所有智能体的跟踪误差曲线如图 6.5 所示。可以看出，所有智能体的跟踪误差都收敛到一共同的常向量：$y_c = \mathrm{col}(-0.43, -0.52, -0.42) = -\varpi_c$。最后，图 6.6 展示了无人集群系统在三维空间上的运动情况，从图中可以直观的看到编队的形成和保持过程，验证了半准位置反馈分布式鲁棒编队控制算法的有效性。

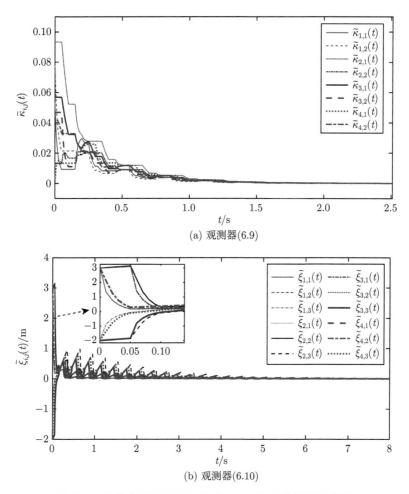

(a) 观测器(6.9)

(b) 观测器(6.10)

图 6.3 分布式输出观测器 (6.9)、(6.10) 的估计误差曲线

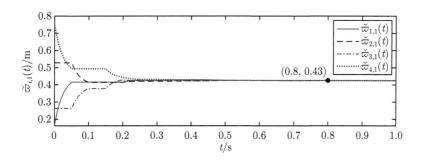

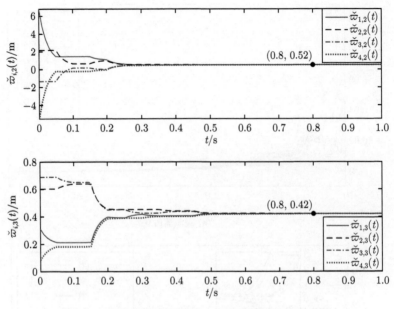

图 6.4　半准位置估计器 (6.15) 的位置估计误差曲线

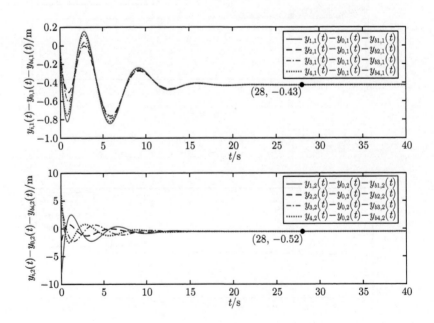

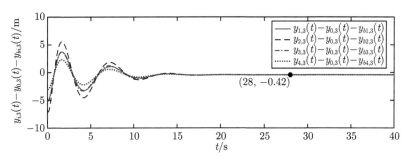

图 6.5   智能体的跟踪误差曲线

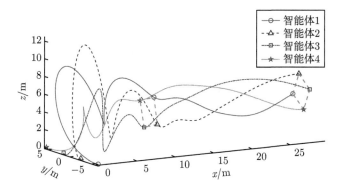

图 6.6   无人集群系统的空间运动轨迹

第 7 章　最小通信编队控制

在一些应用场景中，如水下环境、低功耗无人设备等，通信负载是无人集群系统协同控制的关键约束。为降低智能体之间的通信量，本章提出了一种最小通信分布式鲁棒编队控制算法以实现低通信负载约束下的无人集群系统编队控制。

7.1　问题描述

考虑包含 N 个智能体的无人集群系统。对 $i \in \underline{N}$，智能体 i 的数学模型描述如下：

$$
\begin{aligned}
\dot{x}_i(t) &= A_i x_i(t) + B_i u_i(t) \\
y_i(t) &= C_i x_i(t) + D_i u_i(t)
\end{aligned} \tag{7.1}
$$

其中，$x_i \in \mathbb{R}^{n_i}$、$u_i \in \mathbb{R}^{m_i}$、$y_i \in \mathbb{R}^p$ 分别表示智能体 i 的系统状态、控制输入和输出。p 为智能体所在空间的维数。$A_i \in \mathbb{R}^{n_i \times n_i}$、$B_i \in \mathbb{R}^{n_i \times m_i}$、$C_i \in \mathbb{R}^{p \times n_i}$、$D_i \in \mathbb{R}^{p \times m_i}$ 为不确定系统矩阵。假定 $A_i = A_i^o + \Delta A_i$，$B_i = B_i^o + \Delta B_i$，$C_i = C_i^o + \Delta C_i$，$D_i = D_i^o + \Delta D_i$，其中 A_i^o、B_i^o、C_i^o、D_i^o 表示系统的标称矩阵，ΔA_i、ΔB_i、ΔC_i、ΔD_i 表示系统矩阵的不确定部分。为方便记述，定义 $w_i = \mathrm{col}\big(\mathrm{vec}(\Delta A_i), \mathrm{vec}(\Delta B_i), \mathrm{vec}(\Delta C_i), \mathrm{vec}(\Delta D_i)\big) \in \mathbb{R}^{n_{wi}}$。

无人集群系统的期望编队方式由所有智能体的期望编队轨迹定义。对于 $i \in \underline{N}$，智能体 i 的期望编队轨迹 $y_{ri}(t) \in \mathbb{R}^p$ 由如下两部分构成：

$$
y_{ri}(t) = y_0(t) + y_{bi}(t) \tag{7.2}
$$

其中，$y_0(t)$ 为集群全局轨迹，$y_{bi}(t)$ 为个体偏置轨迹。每个智能体的轨迹跟踪误差 $e_i(t) \in \mathbb{R}^p$ 定义为

$$
e_i(t) = y_i(t) - y_{ri}(t) \tag{7.3}
$$

假定集群全局轨迹 $y_0(t)$ 由如下线性定常系统产生：

$$\dot{r}_0(t) = S_0 r_0(t)$$
$$y_0(t) = C_0 r_0(t)$$

$\qquad(7.4)$

其中，$r_0(t) \in \mathbb{R}^q$ 为系统内部状态，$S_0 \in \mathbb{R}^{q \times q}, C_0 \in \mathbb{R}^{p \times q}$ 为常数矩阵。类似地，假定个体偏置轨迹 $y_{bi}(t)$ 由如下线性定常系统产生：

$$\dot{h}_i(t) = \Psi_i h_i(t)$$
$$y_{bi}(t) = \psi_i h_i(t)$$

$\qquad(7.5)$

其中，$h_i(t) \in \mathbb{R}^{q_{hi}}$ 为系统内部状态，$\Psi_i \in \mathbb{R}^{q_{hi} \times q_{hi}}, \psi_i \in \mathbb{R}^{p \times q_{hi}}$ 为常数矩阵。

无人集群系统的通信网络由切换图 $\bar{\mathcal{G}}_{\epsilon(t)} = (\bar{\mathcal{V}}, \bar{\mathcal{E}}_{\epsilon(t)})$ 表示。具体地，$\bar{\mathcal{V}} = \{0, 1, \ldots, N\}$，其中节点 0 代表系统 (7.4)，而节点 i，$i \in \mathbf{N}$，代表第 i 个智能体。$(i, j) \in \bar{\mathcal{E}}_{\epsilon(t)}$ 当且仅当节点 j 在 t 时刻时可以获取节点 i 的信息。令 $\bar{\mathcal{A}}_{\epsilon(t)} = [a_{ij}(t)] \in \mathbb{R}^{(N+1) \times (N+1)}$ 表示切换图 $\bar{\mathcal{G}}_{\epsilon(t)}$ 的加权邻接矩阵。定义切换图 $\bar{\mathcal{G}}_{\epsilon(t)}$ 的子图 $\mathcal{G}_{\epsilon(t)} = (\mathcal{V}, \mathcal{E}_{\epsilon(t)})$，其中，$\mathcal{V} = \{1, \ldots, N\}$，$\mathcal{E}_{\epsilon(t)} = \bar{\mathcal{E}}_{\epsilon(t)} \cap \{\mathcal{V} \times \mathcal{V}\}$。令 $\mathcal{L}_{\epsilon(t)}$ 表示子图 $\mathcal{G}_{\epsilon(t)}$ 的拉普拉斯矩阵。定义 $H_{\epsilon(t)} = \mathcal{L}_{\epsilon(t)} + \mathcal{D}(a_{10}(t), \ldots, a_{N0}(t))$。

本章所考虑的无人集群系统编队问题的严格数学描述如下。

问题 7.1 给定系统 (7.1)、(7.4)、(7.5) 以及由切换图 $\bar{\mathcal{G}}_{\epsilon(t)}$ 描述的通信网络，设计分布式控制律 $u_i(t)$，使得存在原点附近的开邻域 $\mathbb{W}_i \in \mathbb{R}^{n_{wi}}$，满足对任意的 $w_i \in \mathbb{W}_i$ 以及任意的系统初始状态，闭环系统稳定，且有

$$\lim_{t \to \infty} e_i(t) = 0 \qquad(7.6)$$

为解决问题 7.1，做如下假设。

假设 7.1 在切换时间序列 $\{t_0, t_1, t_2, \ldots\}$ 中存在子列 $\{t_{\alpha_k} : k = 0, 1, 2, \ldots\}$ 满足 $\alpha_0 = 0$，$t_{\alpha_{k+1}} - t_{\alpha_k} < \beta$，$\beta > 0$ 为子列时间间隔上限，使得任意的联合图 $\bigcup_{r=\alpha_k}^{\alpha_{k+1}} \bar{\mathcal{G}}_{\epsilon(t_r)}$ 都包含以节点 0 为根节点的生成树。

假设 7.2 子图 $\mathcal{G}_{\epsilon(t)}$ 是无向的。

假设 7.3 (A_i^o, B_i^o) 是可镇定的。

假设 7.4　对于任意的 λ, 都满足

$$\operatorname{rank}\begin{bmatrix} A_i^o - \lambda I_{n_i} & B_i^o \\ C_i^o & D_i^o \end{bmatrix} = n_i + p$$

假设 7.5　矩阵 S_0 以及 Ψ_i 的特征值均具有零实部。

7.2　控制算法设计

最小通信分布式鲁棒编队控制算法由两部分组成。首先, 利用分布式输出观测器估计集群全局轨迹。其次, 设计动态状态反馈鲁棒控制器, 使得每一个智能体跟踪其期望轨迹。具体设计步骤如下。

7.2.1　分布式输出观测器

本节采用与第 6.2.1 节相同的分布式输出观测器。假设系统 (7.4) 中矩阵 S_0 的最小多项式为

$$\Psi_{S_0}^m(\lambda) = \lambda^\iota + \kappa_{0,1}\lambda^{\iota-1} + \cdots + \kappa_{0,\iota-1}\lambda + \kappa_{0,\iota} \tag{7.7}$$

其中, $\iota \leqslant q$。令 $\kappa_0 = \operatorname{col}(\kappa_{0,1}, \ldots, \kappa_{0,\iota}) \in \mathbb{R}^\iota$。则分布式输出观测器为

$$\dot{\kappa}_i(t) = \mu_\kappa \left(\sum_{j=1}^N a_{ij}(t)\big(\kappa_j(t) - \kappa_i(t)\big) + a_{i0}\big(\kappa_0 - \kappa_i(t)\big) \right)$$

$$\dot{\zeta}_i(t) = \big(\mathcal{S}_i(t) \otimes I_p\big)\zeta_i(t)$$
$$+ \mu_\zeta \big(L_i(t) \otimes I_p\big)\left(\sum_{j=1}^N a_{ij}(t)\big(\xi_j(t) - \xi_i(t)\big) + a_{i0}\big(y_0(t) - \xi_i(t)\big) \right) \tag{7.8}$$

$$\xi_i(t) = \big(\mathcal{C}_0 \otimes I_p\big)\zeta_i(t)$$

其中, $\kappa_i(t) = \operatorname{col}(\kappa_{i,1}(t), \ldots, \kappa_{i,\iota}(t)) \in \mathbb{R}^\iota$, $\zeta_i(t) \in \mathbb{R}^{\iota n}$, $\mu_\kappa, \mu_\zeta > 0$,

$$\mathcal{S}_i(t) = \begin{bmatrix} 0 & 1 & \cdots & 0 \\ \vdots & \vdots & \ddots & \vdots \\ 0 & 0 & \cdots & 1 \\ -\kappa_{i,\iota}(t) & -\kappa_{i,\iota-1}(t) & \cdots & -\kappa_{i,1}(t) \end{bmatrix} \in \mathbb{R}^{\iota \times \iota}$$

$$\mathcal{C}_0 = [1 \quad 0 \quad \cdots \quad 0] \in \mathbb{R}^{1\times \iota}$$

$$L_i(t) = P_i(t)\mathcal{C}_0^T$$

正定矩阵 $P_i(t)$ 满足

$$P_i(t)\mathcal{S}_i(t)^T + \mathcal{S}_i(t)P_i(t) - P_i(t)\mathcal{C}_0^T\mathcal{C}_0 P_i(t) + I_\iota = 0$$

注 7.1 分布式输出观测器 (7.8) 仅依赖集群全局轨迹 $y_0(t)$ 本身以及能够生成 $y_0(t)$ 的系统模态信息，这些信息是能够渐近还原 $y_0(t)$ 的最小信息。

7.2.2 动态状态反馈鲁棒控制器

对 $i \in \underline{N}$，令 $\bar{r}_i(t) = \mathrm{col}\big(r_0(t), h_i(t)\big) \in \mathbb{R}^{q+q_{hi}}$，则 $\bar{r}_i(t)$、$y_{ri}(t)$ 满足

$$\dot{\bar{r}}_i(t) = \bar{S}_i\bar{r}_i(t)$$
$$y_{ri}(t) = \bar{C}_i\bar{r}_i(t) \tag{7.9}$$

其中，$\bar{S}_i = \mathcal{D}(S_0, \Psi_i) \in \mathbb{R}^{(q+q_{hi})\times(q+q_{hi})}$，$\bar{C}_i = \mathcal{D}(C_0, \psi_i) \in \mathbb{R}^{p\times(q+q_{hi})}$。

假定

$$\Phi_{\bar{S}_i}^m = \lambda^{\iota+\vartheta_i} + \alpha_{i,1}^o\lambda^{\iota+\vartheta_i-1} + \cdots + \alpha_{i,\iota+\vartheta_i-1}^o\lambda + \alpha_{i,\iota+\vartheta}^o \tag{7.10}$$

其中，$\vartheta_i \leqslant q_{hi}$ 为矩阵 Ψ_i 最小多项式的阶次。定义

$$g_{i,1}^o = \begin{bmatrix} 0 & 1 & 0 & \dots & 0 \\ 0 & 0 & 1 & \dots & 0 \\ \vdots & \vdots & \vdots & \ddots & \vdots \\ 0 & 0 & 0 & \dots & 1 \\ -\alpha_{i,\iota+\vartheta}^o & -\alpha_{i,\iota+\vartheta_i-1}^o & -\alpha_{i,\iota+\vartheta_i-2}^o & \cdots & -\alpha_{i,1}^o \end{bmatrix} \in \mathbb{R}^{(\iota+\vartheta_i)\times(\iota+\vartheta_i)}$$

$$g_{i,2} = \begin{bmatrix} 0 \\ 0 \\ \vdots \\ 0 \\ 1 \end{bmatrix} \in \mathbb{R}^{\iota+\vartheta_i}$$

$$G_{i,1}^o = I_p \otimes g_{i,1}^o \in \mathbb{R}^{p(\iota+\vartheta_i)\times p(\iota+\vartheta_i)}$$

$$G_{i,2} = I_p \otimes g_{i,2} \in \mathbb{R}^{p(\iota+\vartheta_i) \times p}$$

根据文献 [77] 中定义 1.22，$(G_{i,1}^o, G_{i,2})$ 为矩阵 $\bar{S}_i$ 的 p 重内模。

接着，定义 $\bar{S}_i(t) = \mathcal{D}(S_i(t), \Psi_i) \in \mathbb{R}^{(q+q_{hi}) \times (q+q_{hi})}$。注意到在 (7.10) 中，系数 $\alpha_{i,j}^o$ 为 κ_0 的函数，用 $\kappa_i(t)$ 替代 κ_0，可以得到

$$\Phi_{\bar{S}_i(t)}^m = \lambda^{\iota+\vartheta_i} + \alpha_{i,1}(t)\lambda^{\iota+\vartheta_i-1} + \cdots + \alpha_{i,\iota+\vartheta_i-1}(t)\lambda + \alpha_{i,\iota+\vartheta_i}(t)$$

定义

$$g_{i,1}(t) = \begin{bmatrix} 0 & 1 & 0 & \cdots & 0 \\ 0 & 0 & 1 & \cdots & 0 \\ \vdots & \vdots & \vdots & \ddots & \vdots \\ 0 & 0 & 0 & \cdots & 1 \\ -\alpha_{i,\iota+\vartheta}(t) & -\alpha_{i,\iota+\vartheta_i-1}(t) & -\alpha_{i,\iota+\vartheta_i-2}(t) & \cdots & -\alpha_{i,1}(t) \end{bmatrix}$$

$$\in \mathbb{R}^{(\iota+\vartheta_i) \times (\iota+\vartheta_i)}$$

$$G_{i,1}(t) = I_p \otimes g_{i,1}(t) \in \mathbb{R}^{p(\iota+\vartheta_i) \times p(\iota+\vartheta_i)}$$

$(G_{i,1}(t), G_{i,2})$ 为矩阵 $\bar{S}_i(t)$ 的 p 重内模。由于 $\lim_{t\to\infty}(G_{i,1}(t) - G_{i,1}^o) = 0$，因此称 $(G_{i,1}(t), G_{i,2})$ 为矩阵 $\bar{S}_i$ 的 p 重渐近内模。

定义矩阵

$$\bar{A}_i^o(t) = \begin{bmatrix} A_i^o & 0_{n_i \times p(\iota+\vartheta_i)} \\ G_{i,2}C_i^o & G_{i,1}(t) \end{bmatrix} \in \mathbb{R}^{\left(n_i+p(\iota+\vartheta_i)\right) \times \left(n_i+p(\iota+\vartheta_i)\right)}$$

$$\bar{B}_i^o = \begin{bmatrix} B_i^o \\ G_{i,2}D_i^o \end{bmatrix} \in \mathbb{R}^{\left(n_i+p(\iota+\vartheta_i)\right) \times m_i}$$

在假设 7.4 下，对于任意 $\lambda \in \sigma(\bar{S}_i(t))$，

$$\mathrm{rank} \begin{bmatrix} A_i^o - \lambda I_{n_i} & B_i^o \\ C_i^o & 0_{p \times m_i} \end{bmatrix} = n_i + p$$

又因为 (A_i^o, B_i^o) 是可镇定的，$(G_{i,1}(t), G_{i,2})$ 为矩阵 $\bar{S}_i(t)$ 的 p 重内模，依据文献 [79] 中引理 7.6，$(\bar{A}_i^o(t), \bar{B}_i^o)$ 也是可镇定的。取 $\mu_K > 0$，代数里卡蒂方程

$$\Lambda_i(t)\bar{A}_i^o(t) + \bar{A}_i^o(t)^T\Lambda_i(t) - \Lambda_i(t)\bar{B}_i^o(\bar{B}_i^o)^T\Lambda_i(t) + \mu_K I_{n_i+p(\iota+\vartheta_i)} = 0$$

存在唯一的正定解 $\Lambda_i(t) \in \mathbb{R}^{\left(n_i + p(\iota + \vartheta_i)\right) \times \left(n_i + p(\iota + \vartheta_i)\right)}$。对于 $i \in \underline{N}$，动态状态反馈鲁棒控制器设计如下：

$$u_i(t) = K_{i,1}(t)x_i(t) + K_{i,2}(t)z_i(t) \tag{7.11a}$$

$$\dot{z}_i(t) = G_{i,1}(t)z_i(t) + G_{i,2}\hat{e}_i(t) \tag{7.11b}$$

$$\hat{e}_i(t) = y_i(t) - \xi_i(t) - y_{bi}(t) \tag{7.11c}$$

其中，$K_{i,1}(t) \in \mathbb{R}^{m_i \times n_i}$，$K_{i,2}(t) \in \mathbb{R}^{m_i \times p(\iota + \vartheta_i)}$ 为

$$[K_{i,1}(t) \quad K_{i,2}(t)] = K_i(t) = -\gamma_i(\bar{B}_i^o)^T\Lambda_i(t) \in \mathbb{R}^{m_i \times \left(n_i + p(\iota + \vartheta_i)\right)}$$

$\gamma_i > 0$ 为控制增益。(7.11a) 为状态反馈控制器，(7.11b) 为一含有渐近内模的动态补偿器，(7.11c) 定义了智能体 i 的等价跟踪误差，根据引理 6.1，其满足 $\lim_{t \to \infty}\left(\hat{e}_i(t) - e_i(t)\right) = 0$。由 (7.8) 和 (7.11) 构成的最小通信分布式鲁棒编队控制算法中，各部分之间的信息流图如图 7.1 所示。

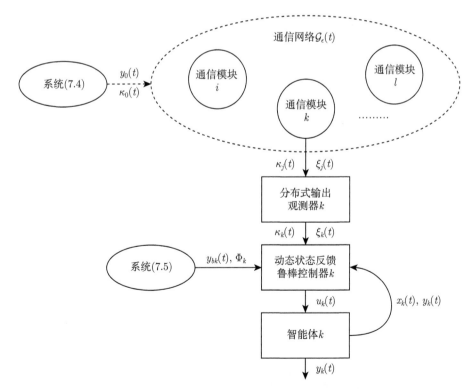

图 7.1 最小通信分布式鲁棒编队控制算法信息流图

7.3　主要结论证明

定理 7.1　给定系统 (7.1)、(7.4)、(7.5) 以及由切换图 $\bar{\mathcal{G}}_{\epsilon(t)}$ 描述的通信网络，在假设 7.1—7.5 下，取 $\mu_\kappa > 0$，$\mu_\zeta > 0$，$\mu_K > 0$，$\gamma_i \geqslant 1/2$，则问题 7.1 可以由最小通信分布式鲁棒编队控制算法 [由 (7.8)、(7.11) 构成] 解决。

证明　对于 $i \in \underline{N}$，定义：

$$\hat{A}_i^o = \begin{bmatrix} A_i^o & 0_{n_i \times p(\iota + \vartheta_i)} \\ G_{i,2}C_i^o & G_{i,1}^o \end{bmatrix} \in \mathbb{R}^{(n_i + p(\iota + \vartheta_i)) \times (n_i + p(\iota + \vartheta_i))}$$

由于 $(\hat{A}_i^o, \bar{B}_i^o)$ 是可镇定的，对于任意的 $\lambda \in \sigma(\bar{S}_i)$，

$$\mathrm{rank} \begin{bmatrix} A_i^o - \lambda I_{n_i} & B_i^o \\ C_i^o & 0_{p \times m_i} \end{bmatrix} = n_i + p$$

又因为 $(G_{i,1}^o, G_{i,2})$ 为矩阵 $\bar{S}_i$ 的 p 重内模，依据文献 [79] 中引理 7.6，$(\hat{A}_i^o, \bar{B}_i^o)$ 是可镇定的。因此代数里卡蒂方程

$$\hat{\Lambda}_i \hat{A}_i^o + (\hat{A}_i^o)^T \hat{\Lambda}_i - \hat{\Lambda}_i \bar{B}_i^o (\bar{B}_i^o)^T \hat{\Lambda}_i + \mu_K I_{n_i + p(\iota + \vartheta_i)} = 0 \qquad (7.12)$$

存在唯一的正定解 $\hat{\Lambda}_i \in \mathbb{R}^{(n_i + p(\iota + \vartheta_i)) \times (n_i + p(\iota + \vartheta_i))}$。取 $\hat{K}_i = -\gamma_i (\bar{B}_i^o)^T \hat{\Lambda}_i \in \mathbb{R}^{m_i \times (n_i + p(\iota + \vartheta_i))}$, $\hat{K}_i = \begin{bmatrix} \hat{K}_{i,1} & \hat{K}_{i,2} \end{bmatrix}$, $\hat{K}_{i,1} \in \mathbb{R}^{m_i \times n_i}$, $\hat{K}_{i,2} \in \mathbb{R}^{m_i \times p(\iota + \vartheta_i)}$。根据引理 6.1 和文献 [94] 中引理 2.2 有 $\lim_{t \to \infty} (\bar{A}_i^o(t) - \hat{A}_i^o) = 0$, $\lim_{t \to \infty} (\bar{\Lambda}_i(t) - \hat{\Lambda}_i) = 0$。进一步可得 $\lim_{t \to \infty} (K_{i,1}(t) - \hat{K}_{i,1}) = 0$, $\lim_{t \to \infty} (K_{i,2}(t) - \hat{K}_{i,2}) = 0$。

令

$$\hat{A}_{ci}^o \triangleq \hat{A}_i^o + \bar{B}_i^o \hat{K}_i = \begin{bmatrix} A_i^o + B_i^o \hat{K}_{i,1} & B_i^o \hat{K}_{i,2} \\ G_{i,2}(C_i^o + D_i^o \hat{K}_{i,1}) & G_{i,1}^o + G_{i,2}D_i^o \hat{K}_{i,2} \end{bmatrix}.$$

根据文献 [79] 中的引理 2.12，若 $\gamma_i \geqslant 1/2$，矩阵 $\hat{A}_{ci}^o$ 是赫尔维茨矩阵。因此，存在一个原点附近的开邻域 $\mathbb{W}_i \in \mathbb{R}^{n_{wi}}$，使得对于任意的 $w_i \in \mathbb{W}_i$，矩阵

$$\hat{A}_{ci} \triangleq \begin{bmatrix} A_i + B_i \hat{K}_{i,1} & B_i \hat{K}_{i,2} \\ G_{i,2}(C_i + D_i \hat{K}_{i,1}) & G_{i,1}^o + G_{i,2}D_i \hat{K}_{i,2} \end{bmatrix}$$

也是赫尔维茨矩阵。因为 $(G_{i,1}^o, G_{i,2})$ 是 $\bar{S}_i$ 的 p 重内模，根据文献 [77] 中引理 1.27，如下矩阵方程：

$$
\begin{aligned}
X_i \bar{S}_i &= (A_i + B_i \hat{K}_{i,1}) X_i + B_i \hat{K}_{i,2} Z_i \\
Z_i \bar{S}_i &= G_{i,1}^o Z_i + G_{i,2} \big((C_i + D_i \hat{K}_{i,1}) X_i + D_i \hat{K}_{i,2} Z_i - \bar{C}_i \big).
\end{aligned} \tag{7.13}
$$

存在一个唯一解 (X_i, Z_i)，且满足

$$
0 = (C_i + D_i \hat{K}_{i,1}) X_i + D_i \hat{K}_{i,2} Z_i - \bar{C}_i. \tag{7.14}
$$

令 $\tilde{K}_{i,1}(t) = K_{i,1}(t) - \hat{K}_{i,1}$，$\tilde{K}_{i,2}(t) = K_{i,2}(t) - \hat{K}_{i,2}$，$\tilde{G}_{i,1}(t) = G_{i,1}(t) - G_{i,1}^o$，$\tilde{\xi}_i(t) = \xi_i(t) - y_0(t)$。由 (7.1) 和 (7.11)，可得：

$$
\begin{aligned}
\dot{x}_i(t) &= A_i x_i(t) + B_i \big(K_{i,1}(t) x_i(t) + K_{i,2}(t) z_i(t) \big) \\
&= A_i x_i(t) + B_i \big(\tilde{K}_{i,1}(t) x_i(t) + \tilde{K}_{i,2}(t) z_i(t) \big) + B_i \big(\hat{K}_{i,1} x_i(t) + \hat{K}_{i,2} z_i(t) \big) \\
&= (A_i + B_i \hat{K}_{i,1}) x_i(t) + B_i \hat{K}_{i,2}(t) z_i(t) + B_i \tilde{K}_{i,1}(t) x_i(t) + B_i \tilde{K}_{i,2}(t) z_i(t)
\end{aligned} \tag{7.15}
$$

$$
\begin{aligned}
\dot{z}_i(t) &= G_{i,1}(t) z_i(t) + G_{i,2} \big(y_i(t) - \xi_i(t) - y_{bi}(t) \big) \\
&= G_{i,1}^o z_i(t) + G_{i,2} \Big(C_i x_i(t) + D_i \big(K_{i,1}(t) x_i(t) + K_{i,2}(t) z_i(t) \big) - \bar{C}_i \bar{r}_i(t) \Big) \\
&\quad + \tilde{G}_{i,1}(t) z_i(t) - G_{i,2} \tilde{\xi}_i(t) \\
&= G_{i,2}(C_i + D_i \hat{K}_{i,1}) x_i(t) + (G_{i,1}^o + G_{i,2} D_i \hat{K}_{i,2}) z_i(t) + \tilde{G}_{i,1}(t) z_i(t) \\
&\quad - G_{i,2} \bar{C}_i \bar{r}_i(t) - G_{i,2} \tilde{\xi}_i(t) + G_{i,2} D_i \tilde{K}_{i,1}(t) x_i(t) + G_{i,2} D_i \tilde{K}_{i,2}(t) z_i(t)
\end{aligned} \tag{7.16}
$$

再令 $\tilde{x}_i(t) = x_i(t) - X_i \bar{r}_i(t)$，$\tilde{z}_i(t) = z_i(t) - Z_i \bar{r}_i(t)$。根据 (7.13) 和 (7.14)，有：

$$
\begin{aligned}
\dot{\tilde{x}}_i(t) &= (A_i + B_i \hat{K}_{i,1}) x_i(t) + B_i \hat{K}_{i,2}(t) z_i(t) + B_i \tilde{K}_{i,1}(t) x_i(t) + B_i \tilde{K}_{i,2}(t) z_i(t) \\
&\quad - X_i \bar{S}_i \bar{r}_i(t) \\
&= (A_i + B_i \hat{K}_{i,1}) \tilde{x}_i(t) + (A_i + B_i \hat{K}_{i,1}) X_i \bar{r}_i(t) + B_i \hat{K}_{i,2}(t) \tilde{z}_i(t) \\
&\quad + B_i \hat{K}_{i,2}(t) Z_i \bar{r}_i(t) + B_i \tilde{K}_{i,1}(t) x_i(t) + B_i \tilde{K}_{i,2}(t) z_i(t) - X_i \bar{S}_0 \bar{r}_0(t)
\end{aligned}
$$

$$= (A_i + B_i\hat{K}_{i,1})\tilde{x}_i(t) + B_i\hat{K}_{i,2}(t)\tilde{z}_i(t) + B_i\tilde{K}_{i,1}(t)x_i(t)$$

$$+ B_i\tilde{K}_{i,2}(t)z_i(t) \tag{7.17}$$

$$\dot{\tilde{z}}_i(t) = G_{i,2}(C_i + D_i\hat{K}_{i,1})x_i(t) + (G^o_{i,1} + G_{i,2}D_i\hat{K}_{i,2})z_i(t)$$

$$+ \tilde{G}_{i,1}(t)z_i(t) - G_{i,2}\bar{C}_i\bar{r}_i(t)$$

$$- G_{i,2}\tilde{\xi}_i(t) + G_{i,2}D_i\tilde{K}_{i,1}(t)x_i(t) + G_{i,2}D_i\tilde{K}_{i,2}(t)z_i(t) - Z_i\bar{S}_0\bar{r}_0(t) \tag{7.18}$$

$$= G_{i,2}(C_i + D_i\hat{K}_{i,1})\tilde{x}_i(t) + (G^o_{i,1} + G_{i,2}D_i\hat{K}_{i,2})\tilde{z}_i(t) + \tilde{G}_{i,1}(t)z_i(t)$$

$$- G_{i,2}\tilde{\xi}_i(t) + G_{i,2}D_i\tilde{K}_{i,1}(t)x_i(t) + G_{i,2}D_i\tilde{K}_{i,2}(t)z_i(t)$$

取 $\tilde{\varphi}_i(t) = \mathrm{col}\big(\tilde{x}_i(t), \tilde{z}_i(t)\big)$，根据 (7.17) 和 (7.18)，有：

$$\dot{\tilde{\varphi}}_i(t) = \hat{A}_{ci}\tilde{\varphi}_i(t)$$

$$+ \begin{bmatrix} B_i\tilde{K}_{i,1}(t)x_i(t) + B_i\tilde{K}_{i,2}(t)z_i(t) \\ \tilde{G}_{i,1}(t)z_i(t) - G_{i,2}\tilde{\xi}_i(t) + G_{i,2}D_i\tilde{K}_{i,1}(t)x_i(t) + G_{i,2}D_i\tilde{K}_{i,2}(t)z_i(t) \end{bmatrix} \tag{7.19}$$

依据引理 6.1，$\lim_{t\to\infty}\tilde{K}_{i,1}(t) = 0$，$\lim_{t\to\infty}\tilde{K}_{i,2}(t) = 0$，$\lim_{t\to\infty}\tilde{G}_{i,1}(t) = 0$，$\lim_{t\to\infty}\tilde{\xi}_i(t) = 0$。又因为矩阵 $\hat{A}_{ci}$ 是赫尔维茨矩阵，根据文献 [95] 的引理 1 可推知 $\lim_{t\to\infty}\tilde{\varphi}_i(t) = 0$，因此有 $\lim_{t\to\infty}\tilde{x}_i(t) = 0$，$\lim_{t\to\infty}\tilde{z}_i(t) = 0$。

将 (7.14) 代入 (7.3) 中，得：

$$e_i(t) = y_i(t) - y_0(t) - y_{bi}$$

$$= C_ix_i(t) + D_i\big(K_{i,1}(t)x_i(t) + K_{i,2}(t)z_i(t)\big) - \bar{C}_i\bar{r}_i(t)$$

$$= (C_i + D_i\hat{K}_{i,1})x_i(t) + D_i\hat{K}_{i,2}z_i(t) + D_i\tilde{K}_{i,1}(t)x_i(t)$$

$$+ D_i\tilde{K}_{i,2}(t)z_i(t) - \bar{C}_i\bar{r}_i(t)$$

$$= (C_i + D_i\hat{K}_{i,1})\tilde{x}_i(t) + D_i\hat{K}_{i,2}\tilde{z}_i(t) + D_i\tilde{K}_{i,1}(t)x_i(t) + D_i\tilde{K}_{i,2}(t)z_i(t) \tag{7.20}$$

因此有 $\lim_{t\to\infty} e_i(t) = 0$。

7.4 算法仿真验证

考虑三维空间中包含 4 个智能体的无人集群系统。智能体系统参数满足：

$$
A_i^o = \begin{bmatrix} 0 & I_3 \\ I_3 & -I_3 \end{bmatrix}, \; B_i^o = \begin{bmatrix} 0 \\ I_3 \end{bmatrix}, \; C_i^o = \begin{bmatrix} I_3 & 0 \end{bmatrix}, \; D_i^o = 0.2 I_3
$$

$w_{i,j} \in [-0.5, 0.5]$。显然，系统满足假设 7.3、7.4。

假定集群全局轨迹为 $y_0(t) = \mathrm{col}(t, 0, 5)$，对应系统 (7.4) 中的矩阵和初始状态为

$$
S_0 = \begin{bmatrix} 0 & 1 \\ 0 & 0 \end{bmatrix}, \; C_0 = \begin{bmatrix} 1 & 0 \\ 0 & 0 \\ 0 & 5 \end{bmatrix}, \; r_0(0) = \begin{bmatrix} 0 \\ 1 \end{bmatrix}
$$

此时，S_0 的最小多项式系数 $\kappa_0 = \mathrm{col}(0, 0)$。此外，假定个体偏置轨迹为

$$
y_{b1}(t) = \mathrm{col}\big(0, 2\cos(0.2t), 2\sin(0.2t)\big)
$$

$$
y_{b2}(t) = \mathrm{col}\left(0, 2\cos\left(0.2t + \frac{\pi}{2}\right), 2\sin\left(0.2t + \frac{\pi}{2}\right)\right)
$$

$$
y_{b3}(t) = \mathrm{col}\left(0, 2\cos(0.2t + \pi), 2\sin(0.2t + \pi)\right)
$$

$$
y_{b4}(t) = \mathrm{col}\left(0, 2\cos\left(0.2t + \frac{3\pi}{2}\right), 2\sin\left(0.2t + \frac{3\pi}{2}\right)\right)
$$

对应系统 (7.5) 中的矩阵和初始状态为

$$
\Psi_i = \begin{bmatrix} 0 & -0.2 \\ 0.2 & 0 \end{bmatrix}, \; \psi_i = \begin{bmatrix} 0 & 0 \\ 2 & 0 \\ 0 & 2 \end{bmatrix}
$$

$$
h_1(0) = \begin{bmatrix} 1 \\ 0 \end{bmatrix}, \; h_2(0) = \begin{bmatrix} 0 \\ 1 \end{bmatrix}, \; h_3(0) = \begin{bmatrix} -1 \\ 0 \end{bmatrix}, \; h_4(0) = \begin{bmatrix} 0 \\ -1 \end{bmatrix}
$$

显然，矩阵 S_0 及 Ψ_i 满足假设 7.5。根据以上设定，4 个智能体的期望编队在 yoz 平面上形成正方形队形，并围绕正方形的中心顺时针旋转。同时编队整体沿着 x 轴前进。

无人集群系统的通信网络如图 7.2 所示。切换图 $\bar{\mathcal{G}}_{\epsilon(t)}$ 中的切换信号 $\epsilon(t)$ 为

$$
\epsilon(t) = \begin{cases}
1, & 0.3k \leqslant t < 0.3k + 0.05 \\
2, & 0.3k + 0.05 \leqslant t < 0.3k + 0.1 \\
3, & 0.3k + 0.1 \leqslant t < 0.3k + 0.15 \\
4, & 0.3k + 0.15 \leqslant t < 0.3k + 0.2 \\
5, & 0.3k + 0.2 \leqslant t < 0.3k + 0.25 \\
6, & 0.3k + 0.25 \leqslant t < 0.3k + 0.3
\end{cases}
$$

其中，$k = 0, 1, 2, \ldots$。从图中可以看出，$\bar{\mathcal{G}}_{\epsilon(t)}$ 满足假设 7.1、7.2。

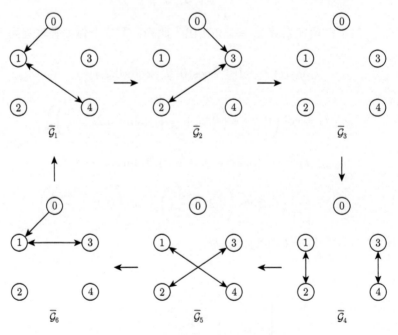

图 7.2　无人集群系统的通信网络

设计最小通信分布式鲁棒编队控制算法，取以下参数 $\mu_\kappa = 30$，$\mu_\zeta = 120$，$\mu_K = 20$，$\gamma_i = 30$。每个智能体的初始状态设置为：$x_1(0) = \mathrm{col}(0, -6, 0, 0, 0, 0)$，

$x_2(0) = \mathrm{col}(0, -2, 0, 0, 0, 0)$, $x_3(0) = \mathrm{col}(0, 2, 0, 0, 0, 0)$, $x_4(0) = \mathrm{col}(0, 6, 0, 0, 0, 0)$。
控制算法的初值状态设置为: $\kappa_1(0) = \mathrm{col}(0.054, 0.01)$, $\kappa_2(0) = \mathrm{col}(0.008, 0.044)$,
$\kappa_3(0) = \mathrm{col}(0.011, 0.096)$, $\kappa_4(0) = \mathrm{col}(0, 0.078)$, $\zeta_1(0) = \zeta_2(0) = \zeta_3(0) = \zeta_4(0) = \mathrm{col}(3, 3, 3, 3, 3, 3)$, $z_1(0) = z_2(0) = z_3(0) = z_4(0) = 0$。

分布式输出观测器 (7.8) 的估计误差曲线如图 7.3 所示, 结果表明该观测器
能够快速、准确地估计出集群全局轨迹。所有智能体的跟踪误差曲线如图 7.4 所
示。可以看出, 所有智能体的跟踪误差都收敛到 0。最后, 图 7.5 展示了无人集
群系统在三维空间上的运动情况, 从图中可以直观地看到编队的形成和保持过程,
验证了最小通信分布式鲁棒编队控制算法的有效性。

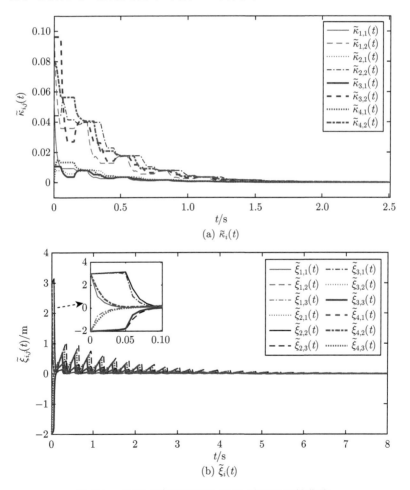

(a) $\tilde{\kappa}_i(t)$

(b) $\tilde{\xi}_i(t)$

图 7.3　分布式输出观测器 (7.8) 的估计误差曲线

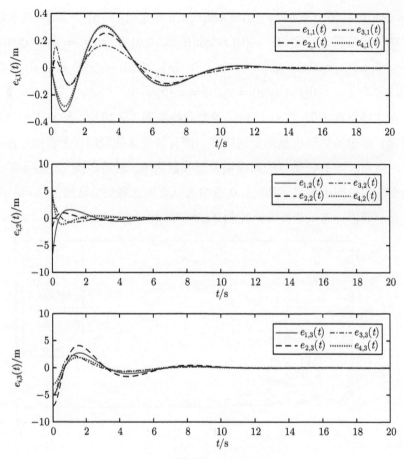

图 7.4　智能体的跟踪误差曲线

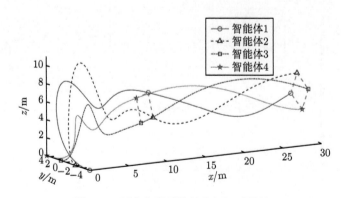

图 7.5　无人集群系统的空间运动轨迹

第 8 章　信噪分离编队控制

信息在通信网络的传递过程中，难免会受到外部干扰的影响。这些扰动可能来自于传输设备的噪声，也可能来自于蓄意的外部攻击。基于终端滤波技术，本章提出了一种信噪分离分布式鲁棒编队控制算法以实现受扰网络信息条件下的无人集群系统编队控制。

8.1　问　题　描　述

考虑包含 N 个智能体的无人集群系统。对 $i \in \underline{N}$，智能体 i 的数学模型描述如下：

$$\dot{x}_i(t) = A_i x_i(t) + B_i u_i(t)$$
$$y_i(t) = C_i x_i(t) + D_i u_i(t) \tag{8.1}$$

其中，$x_i \in \mathbb{R}^{n_i}$、$u_i \in \mathbb{R}^{m_i}$、$y_i \in \mathbb{R}^p$ 分别表示智能体 i 的系统状态、控制输入和输出。p 为智能体所在空间的维数。$A_i \in \mathbb{R}^{n_i \times n_i}$、$B_i \in \mathbb{R}^{n_i \times m_i}$、$C_i \in \mathbb{R}^{p \times n_i}$、$D_i \in \mathbb{R}^{p \times m_i}$ 为不确定系统矩阵。假定 $A_i = A_i^o + \Delta A_i$，$B_i = B_i^o + \Delta B_i$，$C_i = C_i^o + \Delta C_i$，$D_i = D_i^o + \Delta D_i$，其中 A_i^o，B_i^o，C_i^o，D_i^o 表示系统的标称矩阵，ΔA_i，ΔB_i，ΔC_i，ΔD_i 表示系统矩阵的不确定部分。为方便记述，定义 $w_i = \mathrm{col}\big(\mathrm{vec}(\Delta A_i), \mathrm{vec}(\Delta B_i), \mathrm{vec}(\Delta C_i), \mathrm{vec}(\Delta D_i)\big) \in \mathbb{R}^{n_{wi}}$。

无人集群系统的期望编队方式由所有智能体的期望编队轨迹定义。对于 $i \in \underline{N}$，智能体 i 的期望编队轨迹 $y_{ri}(t) \in \mathbb{R}^p$ 由如下两部分构成：

$$y_{ri}(t) = y_0(t) + y_{bi}(t) \tag{8.2}$$

其中，$y_0(t)$ 为集群全局轨迹，$y_{bi}(t)$ 为个体偏置轨迹。每个智能体的轨迹跟踪误差 $e_i(t) \in \mathbb{R}^p$ 定义为

$$e_i(t) = y_i(t) - y_0(t) - y_{bi}(t) \tag{8.3}$$

假定集群全局轨迹 $y_0(t)$ 由如下线性定常系统产生：

$$\dot{r}_0(t) = S_0 r_0(t)$$

$$y_0(t) = C_0 r_0(t) \tag{8.4}$$

$$\varkappa_0(t) = \mathbf{F}\big(r_0(t), S_0, C_0\big)$$

其中，$r_0(t) \in \mathbb{R}^q$ 为系统内部状态，$S_0 \in \mathbb{R}^{q \times q}, C_0 \in \mathbb{R}^{p \times q}$ 为常数矩阵，$\varkappa_0(t) \in \mathbb{R}^{q_\varkappa}$ 为传输至无人集群系统通信网络的信息，函数 $\mathbf{F}(\cdot)$ 表示信息数据的压缩映射。类似地，假定个体偏置轨迹 $y_{bi}(t)$ 由如下线性定常系统产生：

$$\dot{h}_i(t) = \Psi_i h_i(t)$$

$$y_{bi}(t) = \psi_i h_i(t) \tag{8.5}$$

其中，$h_i(t) \in \mathbb{R}^{q_{hi}}$ 为系统内部状态，$\Psi_i \in \mathbb{R}^{q_{hi} \times q_{hi}}, \psi_i \in \mathbb{R}^{p \times q_{hi}}$ 为常数矩阵。

无人集群系统的通信网络由切换图 $\bar{\mathcal{G}}_{\epsilon(t)} = (\bar{\mathcal{V}}, \bar{\mathcal{E}}_{\epsilon(t)})$ 表示。具体地，$\bar{\mathcal{V}} = \{0, 1, \ldots, N\}$，其中节点 0 代表系统 (8.4)，而节点 i，$i \in \underline{N}$，代表第 i 个智能体。$(i, j) \in \bar{\mathcal{E}}_{\epsilon(t)}$ 当且仅当节点 j 在 t 时刻时可以获取节点 i 的信息。令 $\bar{\mathcal{A}}_{\epsilon(t)} = [a_{ij}(t)] \in \mathbb{R}^{(N+1) \times (N+1)}$ 表示切换图 $\bar{\mathcal{G}}_{\epsilon(t)}$ 的加权邻接矩阵。定义切换图 $\bar{\mathcal{G}}_{\epsilon(t)}$ 的子图 $\mathcal{G}_{\epsilon(t)} = (\mathcal{V}, \mathcal{E}_{\epsilon(t)})$，其中，$\mathcal{V} = \{1, \ldots, N\}$，$\mathcal{E}_{\epsilon(t)} = \bar{\mathcal{E}}_{\epsilon(t)} \cap \{\mathcal{V} \times \mathcal{V}\}$。令 $\mathcal{L}_{\epsilon(t)}$ 表示子图 $\mathcal{G}_{\epsilon(t)}$ 的拉普拉斯矩阵。定义 $H_{\epsilon(t)} = \mathcal{L}_{\epsilon(t)} + \mathcal{D}(a_{10}(t), \ldots, a_{N0}(t))$。

如图 8.1 所示，干扰作用于系统 (8.4) 的方式一般可分为两类。首先是直接作用于系统 (8.4) 的方式，如图 8.1 中 (a) 所示。此时可以通过对 (8.4) 进行扩维，引入一个龙伯格观测器，使系统 (8.4) 向无人集群系统通信网络传输估计的信息而非受到干扰作用后的受扰信息。通过使估计的信息指数收敛到其真实值，外部干扰的影响可以在系统 (8.4) 处被完全消除。第二种情况如图 8.1 中 (b) 所示，系统 (8.4) 的信息 $\varkappa_0(t)$ 在传输过程中受到信道叠加性干扰 $\varkappa_0^d(t)$ 的影响。这种情况下，干扰无法在系统 (8.4) 处被直接处理，因此相较于第一种情况更复杂。

定义 $\varkappa_0^m(t) \in \mathbb{R}^{q_\varkappa}$ 为 $\varkappa_0(t)$ 受到干扰后传递至多智能体系统的信息，满足：

$$\varkappa_0^m(t) = \varkappa_0(t) + \varkappa_0^d(t) \tag{8.6}$$

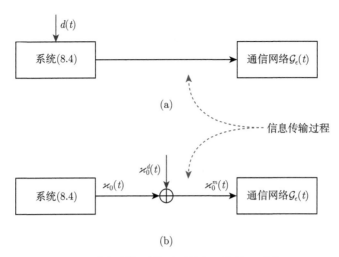

图 8.1 虚拟领航系统受到外部干扰的两种情况

其中，$\varkappa_0^d(t) = \mathrm{col}\big(\varkappa_{0,1}^d(t), \ldots, \varkappa_{0,q_\varkappa}^d(t)\big)$ 为信道的干扰向量。考虑信道干扰为多频正弦信号的情况，对于 $i \in \underline{q_\varkappa}$，

$$\varkappa_{0,i}^d(t) = \sum_{\epsilon=1}^{\varphi} \beta_{i,\epsilon} \sin(\omega_\epsilon t + \gamma_{i,\epsilon}) \tag{8.7}$$

其中，ω_ϵ 为信道干扰的频率，$\beta_{i,\epsilon}$ 和 $\gamma_{i,\epsilon}$ 为信道干扰的幅值和相位。假定智能体已知信道干扰的频率。定义干扰频率的集合 $\Omega = \{\omega_\epsilon, \epsilon = 1, \ldots, \varphi\}$，令：

$$\mathcal{M}(\omega_\epsilon) = \begin{bmatrix} 0 & 1 \\ -\omega_\epsilon^2 & 0 \end{bmatrix}, \ \mathcal{M}(\Omega) = \mathcal{D}(\mathcal{M}(\omega_1), \ldots, \mathcal{M}(\omega_\varphi))$$

本章所考虑的无人集群系统编队问题的严格数学描述如下。

问题 8.1 给定系统 (8.1)、(8.4)、(8.5) 以及由切换图 $\bar{\mathcal{G}}_{\epsilon(t)}$ 描述的通信网络，在信道干扰 (8.6) 影响下，设计分布式控制律 $u_i(t)$，使得存在原点附近的开邻域 $\mathbb{W}_i \in \mathbb{R}^{n_{wi}}$，满足对任意的 $w_i \in \mathbb{W}_i$ 以及任意的系统初始状态，闭环系统稳定，且有

$$\lim_{t \to \infty} e_i(t) = 0 \tag{8.8}$$

为解决问题 8.1，做如下假设。

假设 8.1　在切换时间序列 $\{t_0, t_1, t_2, \ldots\}$ 中存在子列 $\{t_{\alpha_k}: k = 0, 1, 2, \ldots\}$ 满足 $\alpha_0 = 0$，$t_{\alpha_{k+1}} - t_{\alpha_k} < \beta$，$\beta > 0$ 为子列时间间隔上限，使得任意的联合图 $\bigcup_{r=\alpha_k}^{\alpha_{k+1}} \bar{\mathcal{G}}_{\epsilon(t_r)}$ 都包含以节点 0 为根节点的生成树。

假设 8.2　子图 $\mathcal{G}_{\epsilon(t)}$ 是无向的。

假设 8.3　(A_i^o, B_i^o) 是可镇定的。

假设 8.4　对于任意的 λ，都满足

$$\text{rank} \begin{bmatrix} A_i^o - \lambda I_{n_i} & B_i^o \\ C_i^o & D_i^o \end{bmatrix} = n_i + p$$

假设 8.5　矩阵 S_0 以及 Ψ_i 的特征值均具有零实部。

假设 8.6　$\sigma(S_0) \cap \sigma(\mathcal{M}(\Omega)) = \varnothing$。

注 8.1　假设 8.6 保证 $\varkappa_0(t)$ 与其干扰 $\varkappa_0^d(t)$ 没有重叠的频谱，这是能区分二者的必要条件。

8.2　控制算法设计

信噪分离分布式鲁棒编队控制算法由两部分组成。首先，利用分布式滤波观测器分离干扰信号，估计集群全局轨迹。其次，设计输出反馈鲁棒控制器，使得每一个智能体跟踪其期望轨迹。具体设计步骤如下。

8.2.1　分布式滤波观测器

假设系统 (8.4) 中矩阵 S_0 的最小多项式为

$$\Psi_{S_0}^m(\lambda) = \lambda^\iota + \kappa_{0,1}\lambda^{\iota-1} + \cdots + \kappa_{0,\iota-1}\lambda + \kappa_{0,\iota} \tag{8.9}$$

其中，$\iota \leqslant q$。令 $\kappa_0 = \text{col}(\kappa_{0,1}, \ldots, \kappa_{0,\iota}) \in \mathbb{R}^\iota$，$\varkappa_0(t) = \text{col}(\kappa_0, y_0(t)) \in \mathbb{R}^{\iota+p}$，$\kappa_0^m(t)$ 和 $y_0^m(t)$ 表示受扰信号，满足：

$$\begin{aligned} \kappa_0^m(t) &= \kappa_0 + \kappa_0^d(t) \\ y_0^m(t) &= y_0(t) + y_0^d(t). \end{aligned} \tag{8.10}$$

其中，$\kappa_0^d(t)$ 和 $y_0^d(t)$ 为干扰信号，其每一个元素都具有 (8.7) 的形式。令

$$\Gamma_\kappa = \mathcal{D}(0, \mathcal{M}(\Omega)) \in \mathbb{R}^{(1+2\varphi) \times (1+2\varphi)},$$

$$\Xi_\kappa = \begin{bmatrix} 1 & 1 & 0 & \dots & 1 & 0 \end{bmatrix} \in \mathbb{R}^{1 \times (1+2\varphi)},$$

$$\Theta_\kappa = \begin{bmatrix} 1 & 0 & 0 & \dots & 0 & 0 \end{bmatrix} \in \mathbb{R}^{1 \times (1+2\varphi)}.$$

则有

$$\dot{\zeta}_{0,\tau}^\kappa(t) = \Gamma_\kappa \zeta_{0,\tau}^\kappa(t)$$

$$\kappa_{0,\tau}^m(t) = \Xi_\kappa \zeta_{0,\tau}^\kappa(t) \tag{8.11}$$

$$\kappa_{0,\tau} = \Theta_\kappa \zeta_{0,\tau}^\kappa(t)$$

其中，$\zeta_{0,\tau}^\kappa(t) \in \mathbb{R}^{1+2\varphi}$，$\kappa_{0,\tau}^m(t)$ 是 $\kappa_0^m(t)$ 的第 τ 个元素。根据文献 [96] 中引理 1，$(\Xi_\kappa, \Gamma_\kappa)$ 是能观的，因此代数里卡蒂方程

$$P_\kappa \Gamma_\kappa^T + \Gamma_\kappa P_\kappa - P_\kappa \Xi_\kappa^T \Xi_\kappa P_\kappa + I_{1+2\varphi} = 0$$

存在一个唯一的正定解 P_κ。令 $L_\kappa = \mu_\kappa P_\kappa \Xi_\kappa^T$，$\mu_\kappa > 0$。

对于 $i \in \underline{N}$，$\tau \in \iota$，分布式滤波观测器的第一部分为

$$\dot{\zeta}_{i,\tau}^\kappa(t) = \Gamma_\kappa \zeta_{i,\tau}^\kappa(t) + L_\kappa \sum_{j=0}^N a_{ij}(t)\big(\xi_{j,\tau}^\kappa(t) - \xi_{i,\tau}^\kappa(t)\big)$$

$$\xi_{i,\tau}^\kappa(t) = \Xi_\kappa \zeta_{i,\tau}^\kappa(t) \tag{8.12}$$

$$\kappa_{i,\tau}(t) = \Theta_\kappa \zeta_{i,\tau}^\kappa(t)$$

其中，$\zeta_{i,\tau}^\kappa(t) \in \mathbb{R}^{1+2\varphi}$ 为对 $\zeta_{0,\tau}^\kappa(t)$ 的估计，$\xi_{0,\tau}^\kappa(t) = \kappa_{0,\tau}^m(t)$。

根据最小多项式的性质，有

$$S_0^\iota + \kappa_{0,1} S_0^{\iota-1} + \cdots + \kappa_{0,\iota-1} S_0 + \kappa_{0,\iota} I_q = 0$$

由于对 $k = 0, 1, \dots, \iota$，$y_0^{(k)}(t) = C_0 S_0^k r_0(t)$，因此有

$$y_0^{(\iota)}(t) + \kappa_{0,1} y_0^{(\iota-1)}(t) + \cdots + \kappa_{0,\iota-1} y_0^{(1)}(t) + \kappa_{0,\iota} y_0(t)$$

$$= C_0 S_0^\iota r_0(t) + \kappa_{0,1} C_0 S_0^{\iota-1} r_0(t) + \cdots + \kappa_{0,\iota-1} C_0 S_0 r_0(t) + \kappa_{0,\iota} C_0 r_0(t) \tag{8.13}$$

$$= C_0 (S_0^\iota + \kappa_{0,1} S_0^{\iota-1} + \cdots + \kappa_{0,\iota-1} S_0 + \kappa_{0,\iota} I_q) r_0(t)$$

$$= 0$$

令

$$\mathcal{S}_0 = \begin{bmatrix} 0 & 1 & \dots & 0 \\ \vdots & \vdots & \ddots & \vdots \\ 0 & 0 & \dots & 1 \\ -\kappa_{0,\iota} & -\kappa_{0,\iota-1} & \dots & -\kappa_{0,1} \end{bmatrix} \in \mathbb{R}^{\iota\times\iota}$$

$$\mathcal{C}_0 = [1 \quad 0 \quad \dots \quad 0] \in \mathbb{R}^{1\times\iota}$$

$$\Gamma_y = \mathcal{D}(\mathcal{S}_0, \mathcal{M}(\Omega)) \in \mathbb{R}^{(\iota+2\varphi)\times(\iota+2\varphi)}$$

$$\Xi_y = [\mathcal{C}_0 \quad 1 \quad 0 \quad \dots \quad 1 \quad 0] \in \mathbb{R}^{1\times(\iota+2\varphi)}$$

$$\Theta_y = [\mathcal{C}_0 \quad 0 \quad 0 \quad \dots \quad 0 \quad 0] \in \mathbb{R}^{1\times(\iota+2\varphi)}$$

则有

$$\dot{\zeta}^y_{0,\tau}(t) = \Gamma_y \zeta^y_{0,\tau}(t)$$

$$y^m_{0,\tau}(t) = \Xi_y \zeta^y_{0,\tau}(t) \tag{8.14}$$

$$y_{0,\tau}(t) = \Theta_y \zeta^y_{0,\tau}(t)$$

其中，$\zeta^y_{0,\tau}(t) \in \mathbb{R}^{\iota+2\varphi}$，$y^m_{0,\tau}(t)$ 和 $y_{0,\tau}(t)$ 分别为 $y^m_0(t)$ 和 $y_0(t)$ 的第 τ 个元素。同理，由于 (Ξ_y, Γ_y) 是能观的，代数里卡蒂方程

$$P_y \Gamma_y + \Gamma_y^T P_y - P_y \Xi_y^T \Xi_y P_y + I_{\iota+2\varphi} = 0 \tag{8.15}$$

存在唯一的正定解 $P_y \in \mathbb{R}^{(\iota+2\varphi)\times(\iota+2\varphi)}$。

定义

$$\mathcal{S}_i(t) = \begin{bmatrix} 0 & 1 & \dots & 0 \\ \vdots & \vdots & \ddots & \vdots \\ 0 & 0 & \dots & 1 \\ -\kappa_{i,\iota}(t) & -\kappa_{i,\iota-1}(t) & \dots & -\kappa_{i,1}(t) \end{bmatrix} \in \mathbb{R}^{\iota\times\iota}$$

$$\Gamma^y_i(t) = \mathcal{D}(\mathcal{S}_i(t), \mathcal{M}(\Omega)) \in \mathbb{R}^{(\iota+2\varphi)\times(\iota+2\varphi)}$$

对于任意 $t \geqslant 0$，$(\mathcal{C}_0, \mathcal{S}_i(t))$ 是能观的，结合文献 [96] 中引理 1，$(\Xi_y, \Gamma^y_i(t))$ 也是

能观的。因此，在任意时刻代数里卡蒂方程

$$P_i^y(t)\Gamma_i^y(t)^T + \Gamma_i^y(t)P_i^y(t) - P_i^y(t)\Xi_y^T\Xi_y P_i^y(t) + I_{\iota+2\varphi} = 0$$

存在唯一的正定解 $P_i^y(t) \in \mathbb{R}^{(\iota+2\varphi)\times(\iota+2\varphi)}$。令 $L_i^y(t) = \mu_y P_i^y(t)\Xi_y^T$，$\mu_y > 0$。对于 $i \in \underline{N}$，$\tau \in \underline{p}$，分布式滤波观测器的第二部分为

$$\dot{\zeta}_{i,\tau}^y(t) = \Gamma_i^y(t)\zeta_{i,\tau}^y(t) + L_i^y(t)\sum_{j=0}^N a_{ij}(t)\big(\xi_{j,\tau}^y(t) - \xi_{i,\tau}^y(t)\big)$$

$$\xi_{i,\tau}^y(t) = \Xi_y\zeta_{i,\tau}^y(t) \tag{8.16}$$

$$\hat{y}_{i,\tau}(t) = \Theta_y\zeta_{i,\tau}^y(t)$$

其中，$\zeta_{i,\tau}^y(t) \in \mathbb{R}^{\iota+2\varphi}$ 为对 $\zeta_{0,\tau}^y(t)$ 的估计，$\xi_{0,\tau}^y(t) = y_{0,\tau}^m(t) \in \mathbb{R}$，$\xi_{i,\tau}^y(t) \in \mathbb{R}$ 为对 $y_{0,\tau}^m$ 的估计，$\hat{y}_{i,\tau}(t) \in \mathbb{R}$ 为对 $y_{0,\tau}(t)$ 的估计。

引理 8.1 给定系统 (8.4)、(8.12)、(8.16)，由切换图 $\bar{\mathcal{G}}_{\epsilon(t)}$ 描述的通信网络以及信道扰动 (8.10)，在假设 8.1、8.2、8.5、8.6 下，对于任意的 $\mu_\kappa > 0$，$\mu_y > 0$，以及任意的系统初始状态，有：

$$\lim_{t\to\infty} \big(\kappa_i(t) - \kappa_0\big) = 0$$

$$\lim_{t\to\infty} \big(\hat{y}_i(t) - y_0(t)\big) = 0 \tag{8.17}$$

证明 令 $\tilde{\zeta}_{i,\tau}^\kappa(t) = \zeta_{i,\tau}^\kappa(t) - \zeta_{0,\tau}^\kappa(t)$，由 (8.12) 可得：

$$\dot{\tilde{\zeta}}_{i,\tau}^\kappa(t) = \Gamma_\kappa\zeta_{i,\tau}^\kappa(t) + L_\kappa\sum_{j=0}^N a_{ij}(t)\big(\xi_{j,\tau}^\kappa(t) - \xi_{i,\tau}^\kappa(t)\big) - \Gamma_\kappa\zeta_{0,\tau}^\kappa(t)$$

$$= \Gamma_\kappa\tilde{\zeta}_{i,\tau}^\kappa(t) + L_\kappa\Xi_\kappa\sum_{j=0}^N a_{ij}(t)\big(\tilde{\zeta}_{j,\tau}^\kappa(t) - \tilde{\zeta}_{i,\tau}^\kappa(t)\big) \tag{8.18}$$

令 $\tilde{\zeta}_\tau^\kappa(t) = \text{col}\big(\tilde{\zeta}_{1,\tau}^\kappa(t), \ldots, \tilde{\zeta}_{N,\tau}^\kappa(t)\big)$，可得

$$\dot{\tilde{\zeta}}_\tau^\kappa(t) = (I_N \otimes \Gamma_\kappa - H_{\epsilon(t)} \otimes L_\kappa\Xi_\kappa)\tilde{\zeta}_\tau^\kappa(t) \tag{8.19}$$

在假设 8.1、8.2、8.6 下，对于任意的 $\mu_\kappa > 0$，根据文献 [79] 中的定理 4.1 可得 $\lim_{t\to\infty}\tilde{\zeta}_\tau^\kappa(t) = 0$。因此有 $\lim_{t\to\infty}\big(\kappa_i(t) - \kappa_0\big) = 0$，$\lim_{t\to\infty}\big(\Gamma_i^y(t) - \Gamma_y\big) = 0$，$\lim_{t\to\infty}\big(P_i^y(t) - P_y\big) = 0$。

令 $\tilde{\zeta}_{i,\tau}^y(t) = \zeta_{i,\tau}^y(t) - \zeta_{0,\tau}^y(t)$，$\tilde{\Gamma}_i^y(t) = \Gamma_i^y(t) - \Gamma_y$，$\tilde{P}_i^y(t) = P_i^y(t) - P_y$，结合 (8.14) 和 (8.16) 可得

$$
\begin{aligned}
\dot{\tilde{\zeta}}_{i,\tau}^y &= \Gamma_i^y(t)\zeta_{i,\tau}^y(t) + L_i^y(t)\sum_{j=0}^N a_{ij}(t)\big(\xi_{j,\tau}^y(t) - \xi_{i,\tau}^y(t)\big) - \Gamma_y\zeta_{0,\tau}^y(t) \\
&= \Gamma_i^y(t)\tilde{\zeta}_{i,\tau}^y(t) + \Gamma_i^y(t)\zeta_{0,\tau}^y(t) + L_i^y(t)\sum_{j=0}^N a_{ij}(t)\big(\xi_{j,\tau}^y(t) - \xi_{i,\tau}^y(t)\big) - \Gamma_y\zeta_{0,\tau}^y(t) \\
&= \Gamma_y\tilde{\zeta}_{i,\tau}^y(t) + \tilde{\Gamma}_i^y(t)\tilde{\zeta}_{i,\tau}^y(t) + \tilde{\Gamma}_i^y(t)\zeta_{0,\tau}^y(t) \\
&\quad + \mu_y P_y \Xi_y^T \Xi_y \sum_{j=0}^N a_{ij}(t)\big(\tilde{\zeta}_{j,\tau}^y(t) - \tilde{\zeta}_{i,\tau}^y(t)\big) \\
&\quad + \mu_y \tilde{P}_i^y(t)\Xi_y^T \Xi_y \sum_{j=0}^N a_{ij}(t)\big(\tilde{\zeta}_{j,\tau}^y(t) - \tilde{\zeta}_{i,\tau}^y(t)\big)
\end{aligned}
\tag{8.20}
$$

令 $\tilde{\zeta}_\tau^y(t) = \mathrm{col}\big(\tilde{\zeta}_{1,\tau}^y(t),\dots,\tilde{\zeta}_{N,\tau}^y(t)\big)$，$\tilde{\Gamma}_d^y(t) = \mathcal{D}\big(\tilde{\Gamma}_1^y(t),\dots,\Gamma_N^y(t)\big)$，$\tilde{P}_d^y(t) = \mathcal{D}\big(\tilde{P}_1^y(t),\dots,\tilde{P}_N^y(t)\big)$。根据 (8.20)，有：

$$
\begin{aligned}
\dot{\tilde{\zeta}}_\tau^y(t) &= \big(I_N \otimes \Gamma_y - \mu_y(H_{\epsilon(t)} \otimes P_y\Xi_y^T\Xi_y)\big)\tilde{\zeta}_\tau^y(t) \\
&\quad + \big(\tilde{\Gamma}_d^y(t) - \mu_y\tilde{P}_d^y(t)(H_{\epsilon(t)} \otimes \Xi_y^T\Xi_y)\big)\tilde{\zeta}_\tau^y(t) + \tilde{\Gamma}_d^y(t)\big(1_N \otimes \zeta_{0,\tau}^y(t)\big)
\end{aligned}
\tag{8.21}
$$

在假设 8.1、8.2、8.5、8.6 下，根据文献 [79] 中的定理 4.1，对于任意的系统初值，以下系统：

$$
\dot{\tilde{\zeta}}_\tau^y(t) = \big(I_N \otimes \Gamma_y - \mu_y(H_{\epsilon(t)} \otimes P_y\Xi_y^T\Xi_y)\big)\tilde{\zeta}_\tau^y(t)
$$

在原点 0 处都是指数稳定的。又由于

$$
\lim_{t\to\infty}\big(\tilde{\Gamma}_d^y(t) - \mu_y\tilde{P}_d^y(t)(H_{\epsilon(t)} \otimes \Xi_y^T\Xi_y)\big) = 0
$$

$$
\lim_{t\to\infty}\big(\tilde{\Gamma}_d^y(t)\big(1_N \otimes \zeta_{0,\tau}^y(t)\big)\big) = 0
$$

根据文献 [79] 中的引理 2.8，对于任意的初值 $\tilde{\zeta}_\tau^y(0)$，有 $\lim_{t\to\infty}\tilde{\zeta}_\tau^y(t) = 0$，因此 $\lim_{t\to\infty}\big(\hat{y}_i(t) - y_0(t)\big) = 0$。

注 8.2 分布式滤波观测器 (8.12)、(8.16) 的基本思想是估计每一个频点上的信号以同时还原真值信号与干扰信号，从而获得真值信号。

8.2.2　输出反馈鲁棒控制器

对 $i \in \underline{N}$，令 $\bar{r}_i(t) = \mathrm{col}\big(r_0(t), h_i(t)\big) \in \mathbb{R}^{q+q_{hi}}$，则 $\bar{r}_i(t)$、$y_{ri}(t)$ 满足

$$\dot{\bar{r}}_i(t) = \bar{S}_i \bar{r}_i(t)$$
$$y_{ri}(t) = \bar{C}_i \bar{r}_i(t)$$
(8.22)

其中，$\bar{S}_i = \mathcal{D}(S_0, \Psi_i) \in \mathbb{R}^{(q+q_{hi}) \times (q+q_{hi})}$，$\bar{C}_i = \mathcal{D}(C_0, \psi_i) \in \mathbb{R}^{p \times (q+q_{hi})}$。

假定

$$\Phi^m_{\bar{S}_i} = \lambda^{\iota+\vartheta_i} + \alpha^o_{i,1}\lambda^{\iota+\vartheta_i-1} + \cdots + \alpha^o_{i,\iota+\vartheta_i-1}\lambda + \alpha^o_{i,\iota+\vartheta}$$
(8.23)

其中，$\vartheta_i \leqslant q_{hi}$ 为矩阵 Ψ_i 最小多项式的阶次。

$$g^o_{i,1} = \begin{bmatrix} 0 & 1 & 0 & \cdots & 0 \\ 0 & 0 & 1 & \cdots & 0 \\ \vdots & \vdots & \vdots & \ddots & \vdots \\ 0 & 0 & 0 & \cdots & 1 \\ -\alpha^o_{i,\iota+\vartheta} & -\alpha^o_{i,\iota+\vartheta-1} & -\alpha^o_{i,\iota+\vartheta-2} & \cdots & -\alpha^o_{i,1} \end{bmatrix} \in \mathbb{R}^{(\iota+\vartheta_i) \times (\iota+\vartheta_i)}$$

$$g_{i,2} = \begin{bmatrix} 0 \\ 0 \\ \vdots \\ 0 \\ 1 \end{bmatrix} \in \mathbb{R}^{\iota+\vartheta_i}$$

$$G^o_{i,1} = I_p \otimes g^o_{i,1} \in \mathbb{R}^{p(\iota+\vartheta_i) \times p(\iota+\vartheta_i)}$$

$$G_{i,2} = I_p \otimes g_{i,2} \in \mathbb{R}^{p(\iota+\vartheta_i) \times p}$$

根据文献 [77] 中定义 1.22，$(G^o_{i,1}, G_{i,2})$ 为矩阵 $\bar{S}_i$ 的 p 重内模。

接着，定义 $\bar{\mathcal{S}}_i(t) = \mathcal{D}\big(\mathcal{S}_i(t), \Psi_i\big) \in \mathbb{R}^{(q+q_{hi}) \times (q+q_{hi})}$。注意到在 (8.23) 中，系数 $\alpha^o_{i,j}$ 为 κ_0 的函数，用 $\kappa_i(t)$ 替代 κ_0，可以得到

$$\Phi^m_{\bar{\mathcal{S}}_i(t)} = \lambda^{\iota+\vartheta_i} + \alpha_{i,1}(t)\lambda^{\iota+\vartheta_i-1} + \cdots + \alpha_{i,\iota+\vartheta_i-1}(t)\lambda + \alpha_{i,\iota+\vartheta_i}(t)$$

定义

$$g_{i,1}(t) = \begin{bmatrix} 0 & 1 & 0 & \dots & 0 \\ 0 & 0 & 1 & \dots & 0 \\ \vdots & \vdots & \vdots & \ddots & \vdots \\ 0 & 0 & 0 & \dots & 1 \\ -\alpha_{i,\iota+\vartheta}(t) & -\alpha_{i,\iota+\vartheta_i-1}(t) & -\alpha_{i,\iota+\vartheta_i-2}(t) & \dots & -\alpha_{i,1}(t) \end{bmatrix}$$

$$\in \mathbb{R}^{(\iota+\vartheta_i)\times(\iota+\vartheta_i)}$$

$$G_{i,1}(t) = I_p \otimes g_{i,1}(t) \in \mathbb{R}^{p(\iota+\vartheta_i)\times p(\iota+\vartheta_i)}$$

$(G_{i,1}(t), G_{i,2})$ 为矩阵 $\bar{\mathcal{S}}_i(t)$ 的 p 重内模。由于 $\lim_{t\to\infty}\big(G_{i,1}(t) - G_{i,1}^o\big) = 0$，因此称 $(G_{i,1}(t), G_{i,2})$ 为矩阵 $\bar{\mathcal{S}}_i$ 的 p 重渐近内模。

定义矩阵

$$\bar{A}_i^o(t) = \begin{bmatrix} A_i^o & 0_{n_i\times p(\iota+\vartheta_i)} \\ G_{i,2}C_i^o & G_{i,1}(t) \end{bmatrix} \in \mathbb{R}^{\big(n_i+p(\iota+\vartheta_i)\big)\times\big(n_i+p(\iota+\vartheta_i)\big)}$$

$$\bar{B}_i^o = \begin{bmatrix} B_i^o \\ G_{i,2}D_i^o \end{bmatrix} \in \mathbb{R}^{\big(n_i+p(\iota+\vartheta_i)\big)\times m_i}$$

在假设 8.4 下，对于任意 $\lambda \in \sigma\big(\bar{\mathcal{S}}_i(t)\big)$，

$$\mathrm{rank}\begin{bmatrix} A_i^o - \lambda I_{n_i} & B_i^o \\ C_i^o & 0_{p\times m_i} \end{bmatrix} = n_i + p$$

又因为 (A_i^o, B_i^o) 是可镇定的，$(G_{i,1}(t), G_{i,2})$ 为矩阵 $\bar{\mathcal{S}}_i(t)$ 的 p 重内模，依据文献 [79] 中引理 7.6，$\big(\bar{A}_i^o(t), \bar{B}_i^o\big)$ 也是可镇定的。取 $\mu_K > 0$，代数里卡蒂方程

$$\Lambda_i(t)\bar{A}_i^o(t) + \bar{A}_i^o(t)^T\Lambda_i(t) - \Lambda_i(t)\bar{B}_i^o(\bar{B}_i^o)^T\Lambda_i(t) + \mu_K I_{n_i+p(\iota+\vartheta_i)} = 0$$

存在唯一的正定解 $\Lambda_i(t) \in \mathbb{R}^{\big(n_i+p(\iota+\vartheta_i)\big)\times\big(n_i+p(\iota+\vartheta_i)\big)}$。对于 $i \in \underline{N}$，取 L_i 使得 $A_i^o - L_iC_i^o$ 是赫尔维茨矩阵，输出反馈鲁棒控制器设计如下：

$$u_i(t) = K_i(t)z_i(t)$$

$$\dot{z}_i(t) = \begin{bmatrix} A_i^o + B_i^o K_{i,1}(t) - L_i\big(C_i^o + D_i^o K_{i,1}(t)\big) & (B_i^o - L_i D_i^o)K_{i,2}(t) \\ 0_{p(\iota+\vartheta_i)\times n_i} & G_{i,1}(t) \end{bmatrix} z_i(t)$$

$$+ \begin{bmatrix} L_i \\ G_{i,2}^o \end{bmatrix} \hat{e}_i(t)$$

$$\hat{e}_i(t) = y_i(t) - \hat{y}_i(t) - y_{bi}(t) \tag{8.24}$$

其中，$K_{i,1}(t) \in \mathbb{R}^{m_i \times n_i}$，$K_{i,2}(t) \in \mathbb{R}^{m_i \times p(\iota+\vartheta_i)}$ 为

$$[K_{i,1}(t) \quad K_{i,2}(t)] = K_i(t) = -\gamma_i(\bar{B}_i^o)^T \Lambda_i(t) \in \mathbb{R}^{m_i \times \left(n_i + p(\iota+\vartheta_i)\right)}$$

$\gamma_i > 0$ 为控制增益。由分布式滤波观测器 (8.12)、(8.16) 和输出反馈鲁棒控制器 (8.24) 构成的信噪分离分布式鲁棒编队控制算法中，各部分之间的信息流图如图 8.2 所示。

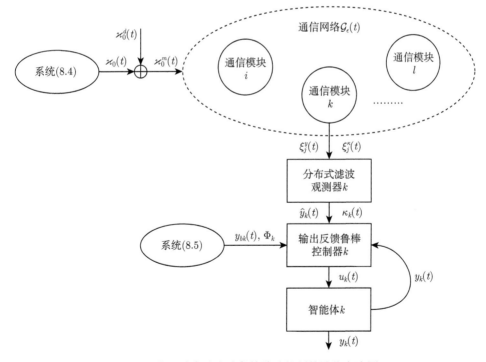

图 8.2　信噪分离分布式鲁棒编队控制算法信息流图

8.3　主要结论证明

定理 8.1　给定系统 (8.1)、(8.4)、(8.5) 以及由切换图 $\bar{\mathcal{G}}_{\epsilon(t)}$ 描述的通信网络，在假设 8.1—8.6 下，取 $\mu_\kappa > 0$，$\mu_y > 0$，$\mu_K > 0$，$\gamma_i \geqslant 1/2$，则问题 8.1 可以由信噪分离分布式鲁棒编队控制算法 [由 (8.12)、(8.16)、(8.24) 构成] 解决。

证明　对于 $i \in \underline{N}$，定义：

$$\hat{A}_i^o = \begin{bmatrix} A_i^o & 0_{n_i \times p(\iota + \vartheta_i)} \\ G_{i,2}C_i^o & G_{i,1} \end{bmatrix} \in \mathbb{R}^{\left(n_i + p(\iota + \vartheta_i)\right) \times \left(n_i + p(\iota + \vartheta_i)\right)} \tag{8.25}$$

由于 $(\hat{A}_i^o, \bar{B}_i^o)$ 是可镇定的，对于任意的 $\lambda \in \sigma(\bar{S}_i)$，

$$\mathrm{rank} \begin{bmatrix} A_i^o - \lambda I_{n_i} & B_i^o \\ C_i^o & 0_{p \times m_i} \end{bmatrix} = n_i + p$$

又因为 $(G_{i,1}^o, G_{i,2})$ 为矩阵 $\bar{S}_i$ 的 p 重内模，依据文献 [79] 中引理 7.6，$(\hat{A}_i^o, \bar{B}_i^o)$ 是可镇定的。因此代数里卡蒂方程

$$\hat{\Lambda}_i \hat{A}_i^o + (\hat{A}_i^o)^T \hat{\Lambda}_i - \hat{\Lambda}_i \bar{B}_i^o (\bar{B}_i^o)^T \hat{\Lambda}_i + \mu_K I_{n_i + p(\iota + \vartheta_i)} = 0 \tag{8.26}$$

存在唯一的正定解 $\hat{\Lambda}_i \in \mathbb{R}^{\left(n_i + p(\iota + \vartheta_i)\right) \times \left(n_i + p(\iota + \vartheta_i)\right)}$。取 $\hat{K}_i = -\gamma_i(\bar{B}_i^o)^T \hat{\Lambda}_i \in \mathbb{R}^{m_i \times \left(n_i + p(\iota + \vartheta_i)\right)}$，$\hat{K}_i = \begin{bmatrix} \hat{K}_{i,1} & \hat{K}_{i,2} \end{bmatrix}$，$\hat{K}_{i,1} \in \mathbb{R}^{m_i \times n_i}$，$\hat{K}_{i,2} \in \mathbb{R}^{m_i \times p(\iota + \vartheta_i)}$。根据引理 8.1 和文献 [94] 中引理 2.2 有，$\lim_{t \to \infty}\left(\bar{A}_i^o(t) - \hat{A}_i^o\right) = 0$，$\lim_{t \to \infty}\left(\bar{\Lambda}_i(t) - \hat{\Lambda}_i\right) = 0$，进一步可得 $\lim_{t \to \infty}(K_{i,1}(t) - \hat{K}_{i,1}) = 0$，$\lim_{t \to \infty}(K_{i,2}(t) - \hat{K}_{i,2}) = 0$。

根据文献 [79] 中的引理 2.12，若 $\gamma_i \geqslant 1/2$，矩阵

$$\hat{A}_i^o + \bar{B}_i^o \hat{K}_i = \begin{bmatrix} A_i^o + B_i^o \hat{K}_{i,1} & B_i^o \hat{K}_{i,2} \\ G_{i,2}(C_i^o + D_i^o \hat{K}_{i,1}) & G_{i,1}^o + G_{i,2} D_i^o \hat{K}_{i,2} \end{bmatrix}$$

是赫尔维茨矩阵。又因为 $A_i^o - L_i C_i^o$ 是赫尔维茨矩阵，所以矩阵

$$\begin{bmatrix} A_i^o + B_i^o \hat{K}_{i,1} & B_i^o \hat{K}_{i,1} & B_i^o \hat{K}_{i,2} \\ 0 & A_i^o - L_i C_i^o & 0 \\ G_{i,2}(C_i^o + D_i^o \hat{K}_{i,1}) & G_{i,2} D_i^o \hat{K}_{i,1} & G_{i,1}^o + G_{i,2} D_i^o \hat{K}_{i,2} \end{bmatrix}$$

是赫尔维茨矩阵。将该矩阵的第一列减去第二列，再将第二行加至第一行，得到矩阵

$$
\begin{bmatrix}
A_i^o & B_i^o \hat{K}_{i,1} & B_i^o \hat{K}_{i,2} \\
L_i C_i^o & A_i^o + B_i^o \hat{K}_{i,1} - L_i C_i^o & B_i^o \hat{K}_{i,2} \\
G_{i,2} C_i^o & G_{i,2} D_i^o \hat{K}_{i,1} & G_{i,1}^o + G_{i,2} D_i^o \hat{K}_{i,2}
\end{bmatrix}
$$

是赫尔维茨矩阵。因此，存在一个原点附近的开邻域 $\mathbb{W}_i \in \mathbb{R}^{n_{wi}}$，使得对于任意的 $w_i \in \mathbb{W}_i$，矩阵

$$
\bar{A}_{ci} \triangleq
\begin{bmatrix}
A_i & B_i \hat{K}_{i,1} \\
L_i C_i & A_i^o + B_i^o \hat{K}_{i,1} - L_i C_i^o + L_i D_i \hat{K}_{i,1} - L_i D_i^o \hat{K}_{i,1} \\
G_{i,2} C_i & G_{i,2} D_i \hat{K}_{i,1}
\end{bmatrix}
$$

$$
\begin{bmatrix}
B_i \hat{K}_{i,2} \\
B_i^o \hat{K}_{i,2} + L_i D_i \hat{K}_{i,2} - L_i D_i^o \hat{K}_{i,2} \\
G_{i,1}^o + G_{i,2} D_i \hat{K}_{i,2}
\end{bmatrix}
$$

也是赫尔维茨矩阵。因为 $(G_{i,1}^o, G_{i,2})$ 是矩阵 $\bar{S}_i$ 的 p 重内模，根据文献 [77] 中引理 2.17，如下矩阵方程：

$$
X_i \bar{S}_i = A_i X_i + B_i \hat{K}_i Z_i
$$

$$
Z_i \bar{S}_i =
\begin{bmatrix}
A_i^o + B_i^o \hat{K}_{i,1} - L_i C_i^o - L_i D_i^o \hat{K}_{i,1} & B_i^o \hat{K}_{i,2} - L_i D_i^o \hat{K}_{i,2} \\
0_{p(\iota + \vartheta_i) \times n_i} & G_{i,1}^o
\end{bmatrix} Z_i \tag{8.27}
$$

$$
+
\begin{bmatrix}
L_i \\
G_{i,2}
\end{bmatrix}
(C_i X_i + D_i \hat{K}_i Z_i - \bar{C}_i)
$$

存在一个唯一的解 (X_i, Z_i)，且其满足：

$$
0 = C_i X_i + D_i \hat{K}_i Z_i - \bar{C}_i \tag{8.28}
$$

令 $\tilde{K}_i(t) = K_i(t) - \hat{K}_i$，$\tilde{K}_{i,1}(t) = K_{i,1}(t) - \hat{K}_{i,1}$，$\tilde{K}_{i,2}(t) = K_{i,2}(t) - \hat{K}_{i,2}$，$\tilde{G}_{i,1}(t) = G_{i,1}(t) - G_{i,1}^o$，$\tilde{y}_i(t) = \hat{y}_i(t) - y_0(t)$，$\tilde{x}_i(t) = x_i(t) - X_i \bar{r}_i(t)$，$\tilde{z}_i(t) =$

$z_i(t) - Z_i\bar{r}_i(t)$，结合 (8.27)、(8.24) 有：

$$\dot{\tilde{x}}_i(t) = A_i x_i(t) + B_i u(t) - X_i \bar{S}_i \bar{r}_i(t)$$

$$= A_i \tilde{x}_i(t) + A_i X_i \bar{r}_i(t) + B_i \hat{K}_i Z_i \bar{r}_i(t) + B_i \hat{K}_i \tilde{z}_i(t) + B_i \tilde{K}_i(t) z_i(t)$$

$$- X_i \bar{S}_i \bar{r}_i(t) \tag{8.29}$$

$$= A_i \tilde{x}_i(t) + B_i \hat{K}_i \tilde{z}_i(t) + B_i \tilde{K}_i(t) z_i(t),$$

$$\dot{z}_i(t) = \begin{bmatrix} A_i^o + B_i^o K_{i,1}(t) - L_i\big(C_i^o + D_i^o K_{i,1}(t)\big) & (B_i^o - L_i D_i^o)K_{i,2}(t) \\ 0_{p(\iota+\vartheta_i)\times n_i} & G_{i,1}(t) \end{bmatrix} z_i(t)$$

$$+ \begin{bmatrix} L_i \\ G_{i,2} \end{bmatrix} \hat{e}_i(t) - Z_i \bar{S}_i \bar{r}_i(t)$$

$$= \begin{bmatrix} A_i^o + B_i^o \hat{K}_{i,1} - L_i C_i^o - L_i D_i^o \hat{K}_{i,1} & (B_i^o - L_i D_i^o)\hat{K}_{i,2} \\ 0_{p(\iota+\vartheta_i)\times n_i} & G_{i,1}^o \end{bmatrix} z_i(t)$$

$$+ \begin{bmatrix} B_i^o \tilde{K}_{i,1}(t) - L_i D_i^o \tilde{K}_{i,1}(t) & (B_i^o - L_i D_i^o)\tilde{K}_{i,2}(t) \\ 0_{p(\iota+\vartheta_i)\times n_i} & \tilde{G}_{i,1}(t) \end{bmatrix} z_i(t)$$

$$+ \begin{bmatrix} L_i \\ G_{i,2} \end{bmatrix} \big(C_i x_i(t) + D_i K_i(t) z_i(t) - \tilde{y}_i(t) - \bar{C}_i \bar{r}_i(t)\big) - Z_i \bar{S}_i \bar{r}_i(t)$$

$$= \begin{bmatrix} A_i^o + B_i^o \hat{K}_{i,1} - L_i C_i^o - L_i D_i^o \hat{K}_{i,1} & (B_i^o - L_i D_i^o)\hat{K}_{i,2} \\ 0_{p(\iota+\vartheta_i)\times n_i} & G_{i,1}^o \end{bmatrix} \tilde{z}_i(t)$$

$$+ \begin{bmatrix} L_i \\ G_{i,2} \end{bmatrix} \big(C_i \tilde{x}_i(t) + D_i \hat{K}_i \tilde{z}_i(t) + D_i \tilde{K}_i(t) z_i(t) - \tilde{y}_i(t)\big)$$

$$+ \begin{bmatrix} B_i^o \tilde{K}_{i,1}(t) - L_i D_i^o \tilde{K}_{i,1}(t) & (B_i^o - L_i D_i^o)\tilde{K}_{i,2}(t) \\ 0_{p(\iota+\vartheta_i)\times n_i} & \tilde{G}_{i,1}(t) \end{bmatrix} z_i(t) \tag{8.30}$$

对 (8.30) 进一步变型，有

$$\dot{\tilde{z}}_i(t) = \begin{bmatrix} A_i^o + B_i^o \hat{K}_{i,1} - L_i C_i^o - L_i D_i^o \hat{K}_{i,1} + L_i D_i \hat{K}_{i,1} \\ G_{i,2} D_i \hat{K}_{i,1} \end{bmatrix}$$

$$\begin{matrix} (B_i^o - L_i D_i^o)\hat{K}_{i,2} + L_i D_i \hat{K}_{i,2} \\ G_{i,1}^o + G_{i,2} D_i \hat{K}_{i,2} \end{matrix} \Bigg] \tilde{z}_i(t) \tag{8.31}$$

$$+ \begin{bmatrix} L_i \\ G_{i,2} \end{bmatrix} C_i \tilde{x}_i(t) + \begin{bmatrix} L_i \\ G_{i,2} \end{bmatrix} \left(D_i \tilde{K}_i(t) z_i(t) - \tilde{y}_i(t) \right)$$

$$+ \begin{bmatrix} B_i^o \tilde{K}_{i,1}(t) - L_i D_i^o \tilde{K}_{i,1}(t) & (B_i^o - L_i D_i^o)\tilde{K}_{i,2}(t) \\ 0_{p(\iota + \vartheta_i) \times n_i} & \tilde{G}_{i,1}(t) \end{bmatrix} z_i(t)$$

取 $\tilde{\varrho}_i(t) = \mathrm{col}\big(\tilde{x}_i(t), \tilde{z}_i(t)\big)$, $\varrho_i(t) = \mathrm{col}\big(x_i(t), z_i(t)\big)$, 根据 (8.29) 和 (8.31), 得:

$$\dot{\tilde{\varrho}}_i(t) = \bar{A}_{ci} \tilde{\varrho}_i(t) + \begin{bmatrix} B_i \tilde{K}_{i,1}(t) & B_i \tilde{K}_{i,2}(t) \\ B_i^o \tilde{K}_{i,1}(t) - L_i D_i^o \tilde{K}_{i,1}(t) & (B_i^o - L_i D_i^o)\tilde{K}_{i,2}(t) \\ 0_{p(\iota + \vartheta_i) \times n_i} & \tilde{G}_{i,1}(t) \end{bmatrix} \varrho_i(t)$$

$$+ \begin{bmatrix} 0_{n_i \times p} \\ L_i \\ G_{i,2} \end{bmatrix} \left(D_i \tilde{K}_i(t) z_i(t) - \tilde{y}_i(t) \right). \tag{8.32}$$

依据引理 8.1, $\lim_{t \to \infty} \tilde{K}_i(t) = 0$, $\lim_{t \to \infty} \tilde{K}_{i,1}(t) = 0$, $\lim_{t \to \infty} \tilde{K}_{i,2}(t) = 0$, $\lim_{t \to \infty} \tilde{G}_{i,1}(t) = 0$, $\lim_{t \to \infty} \tilde{y}_i(t) = 0$。又因为矩阵 $\bar{A}_{ci}$ 是赫尔维茨矩阵, 和文献 [95] 引理 1 可推知 $\lim_{t \to \infty} \tilde{\varrho}_i(t) = 0$, 因此有 $\lim_{t \to \infty} \tilde{x}_i(t) = 0$, $\lim_{t \to \infty} \tilde{z}_i(t) = 0$。

将 (8.24)、(8.28) 代入 (8.3) 中, 得:

$$e_i(t) = y_i(t) - y_0(t) - y_{bi}(t)$$

$$= C_i x_i(t) + D_i u_i(t) - \bar{C}_i \bar{v}_i(t) \tag{8.33}$$

$$= C_i \tilde{x}_i(t) + D_i \hat{K}_i \tilde{z}_i(t) + D_i \tilde{K}_i(t) z_i(t)$$

因此有 $\lim_{t \to \infty} e_i(t) = 0$。

8.4　算法仿真验证

考虑三维空间中包含 4 个智能体的无人集群系统。智能体系统参数满足：

$$A_i^o = \begin{bmatrix} 0 & I_3 \\ I_3 & -I_3 \end{bmatrix}, \ B_i^o = \begin{bmatrix} 0 \\ I_3 \end{bmatrix}, \ C_i^o = \begin{bmatrix} I_3 & 0 \end{bmatrix}, \ D_i^o = 0.01 I_3$$

$w_{i,j} \in [-0.4, 0.2]$。显然，系统满足假设 8.3、8.4。

假定集群全局轨迹为 $y_0(t) = \mathrm{col}(t, 0, 5)$，对应系统 (8.4) 中的矩阵和初始状态为

$$S_0 = \begin{bmatrix} 0 & 1 \\ 0 & 0 \end{bmatrix}, \ C_0 = \begin{bmatrix} 1 & 0 \\ 0 & 0 \\ 0 & 5 \end{bmatrix}, \ r_0(0) = \begin{bmatrix} 0 \\ 1 \end{bmatrix}$$

此时，S_0 的最小多项式系数 $\kappa_0 = \mathrm{col}(0,0)$。此外，假定个体偏置轨迹为

$$y_{b1}(t) = \mathrm{col}\left(0, 2\cos\left(0.2t + \frac{\pi}{18}\right), 2\sin\left(0.2t + \frac{\pi}{18}\right)\right)$$

$$y_{b2}(t) = \mathrm{col}\left(0, 2\cos\left(0.2t + \frac{5\pi}{9}\right), 2\sin\left(0.2t + \frac{5\pi}{9}\right)\right)$$

$$y_{b3}(t) = \mathrm{col}\left(0, 2\cos\left(0.2t + \frac{19\pi}{18}\right), 2\sin\left(0.2t + \frac{19\pi}{18}\right)\right)$$

$$y_{b4}(t) = \mathrm{col}\left(0, 2\cos\left(0.2t + \frac{14\pi}{9}\right), 2\sin\left(0.2t + \frac{14\pi}{9}\right)\right)$$

对应系统 (8.5) 中的矩阵和初始状态为

$$\Psi_i = \begin{bmatrix} 0 & -0.2 \\ 0.2 & 0 \end{bmatrix}, \ \psi_i = \begin{bmatrix} 0 & 0 \\ 2 & 0 \\ 0 & 2 \end{bmatrix}$$

$$h_1(0) = \begin{bmatrix} \cos\dfrac{\pi}{18} \\ \sin\dfrac{\pi}{18} \end{bmatrix}, \ h_2(0) = \begin{bmatrix} \cos\dfrac{5\pi}{9} \\ \sin\dfrac{5\pi}{9} \end{bmatrix},$$

$$h_3(0) = \begin{bmatrix} \cos\dfrac{19\pi}{18} \\[2mm] \sin\dfrac{19\pi}{18} \end{bmatrix}, \; h_4(0) = \begin{bmatrix} \cos\dfrac{14\pi}{9} \\[2mm] \sin\dfrac{14\pi}{9} \end{bmatrix}$$

显然，矩阵 S_0 及 Ψ_i 满足假设 8.5。根据以上设定，4 个智能体的期望编队为在 yoz 平面上形成正方形队形，并围绕正方形的中心顺时针旋转。同时编队整体沿着 x 轴前进。

无人集群系统的通信网络如图 8.3 所示。切换图 $\bar{\mathcal{G}}_{\epsilon(t)}$ 中的切换信号 $\epsilon(t)$ 为

$$\epsilon(t) = \begin{cases} 1, & 0.3k \leqslant t < 0.3k + 0.05 \\ 2, & 0.3k + 0.05 \leqslant t < 0.3k + 0.1 \\ 3, & 0.3k + 0.1 \leqslant t < 0.3k + 0.15 \\ 4, & 0.3k + 0.15 \leqslant t < 0.3k + 0.2 \\ 5, & 0.3k + 0.2 \leqslant t < 0.3k + 0.25 \\ 6, & 0.3k + 0.25 \leqslant t < 0.3k + 0.3 \end{cases}$$

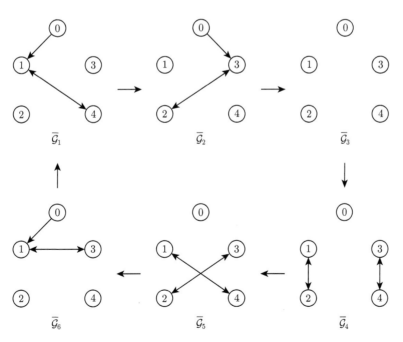

图 8.3 无人集群系统的通信网络

其中，$k = 0, 1, 2, \dots$。从图中可以看出，$\bar{\mathcal{G}}_{\epsilon(t)}$ 满足假设 8.1、8.2。

信道干扰的频率为 $\omega_1 = 10\text{rad/s}$，$\omega_2 = 15\text{rad/s}$，显然满足假设 8.6。

设计信噪分离分布式鲁棒编队控制算法，取以下参数 $\mu_\kappa = 50$，$\mu_y = 80$，$\mu_K = 50$，$\gamma_i = 40$。令 $A_i^o - L_i C_i^o$ 的极点为 $\{-1, -1.5, -2, -2.5, -3, -3.5\}$，

$$L_i = \begin{bmatrix} 5.5 & 0 & 0 \\ 0 & 2.5 & 0 \\ 0 & 0 & 2.5 \\ 6 & 0 & 0 \\ 0 & 1.5 & 0 \\ 0 & 0 & 1 \end{bmatrix}$$

每个智能体的初始状态设置为：$x_1(0) = \text{col}(0, 9, 0, 0.1, 0.2, 0.2)$，$x_2(0) = \text{col}(0, 3, 0, 0.2, 0.1, -0.2)$，$x_3(0) = \text{col}(0, -3, 0, -0.1, 0.2, 0.2)$，$x_4(0) = \text{col}(0, -9, 0, 0.1, 0.5, 0.3)$。对于 $i \in \underline{N}$，控制算法的初值状态设置为：$\zeta_{i,1}^\kappa(0) = \text{col}(0.2, 0.2, 0.2, 0.2, 0.2)$，$\zeta_{i,2}^\kappa(0) = \text{col}(-0.5, -0.5, -0.5, -0.5, -0.5)$，$\zeta_{i,1}^y(0) = \zeta_{i,2}^y(0) = \zeta_{i,3}^y(0) = 0$，$z_i(0) = 0$。

如图 8.4 所示为传输至通信网络 $\mathcal{G}_{\epsilon(t)}$ 中的受扰信号。如图 8.5 和图 8.6 所示为分布式滤波观测器 (8.12) 对 κ_0 的估计情况和分布式滤波观测器 (8.16) 对 $y_0(t)$ 的估计情况。分布式滤波观测器 (8.12)、(8.16) 的估计误差曲线如图 8.7 所示，结果表明该观测器能够快速、准确地根据受扰信号估计出集群全局轨迹信息

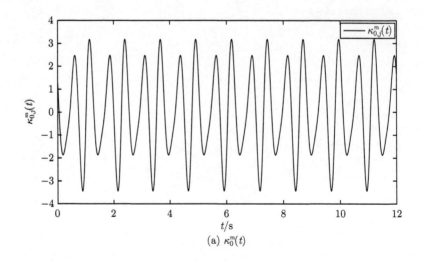

(a) $\kappa_0^m(t)$

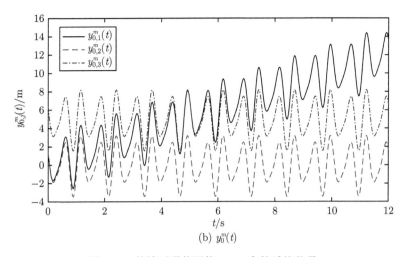

(b) $y_0^m(t)$

图 8.4　传输至通信网络 $\mathcal{G}_{\epsilon(t)}$ 中的受扰信号

的真值。所有智能体的跟踪误差曲线如图 8.8 所示。可以看出，所有智能体的跟踪误差都收敛到 0。最后，图 8.9 展示了无人集群系统在三维空间上的运动情况，从图中可以直观地看到编队的形成和保持过程，验证了信噪分离分布式鲁棒编队控制算法的有效性。

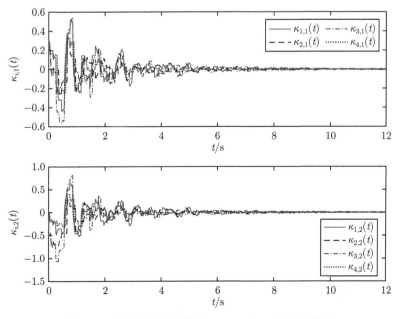

图 8.5　分布式滤波观测器 (8.12) 对 κ_0 的估计情况

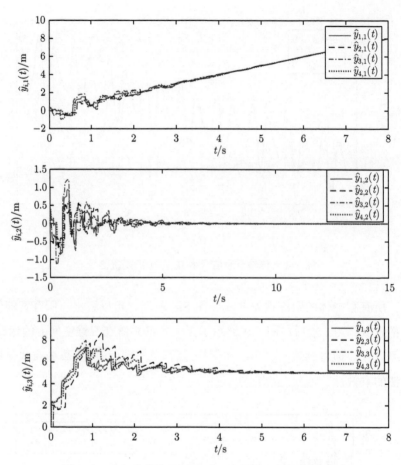

图 8.6 分布式滤波观测器 (8.16) 对 $y_0(t)$ 的估计情况

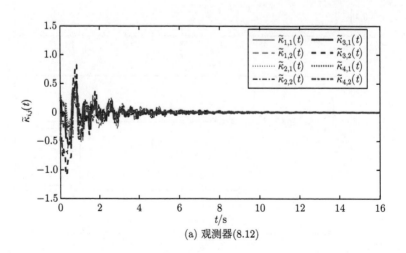

(a) 观测器(8.12)

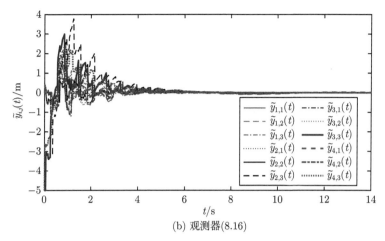

(b) 观测器(8.16)

图 8.7　分布式滤波观测器的估计误差曲线

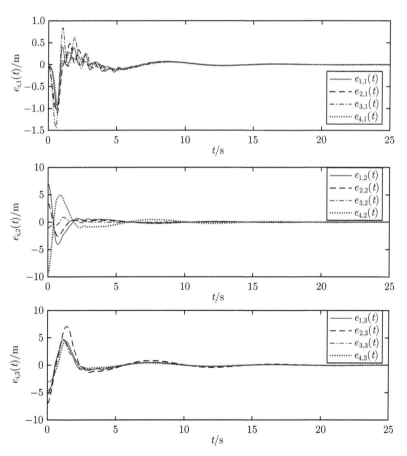

图 8.8　智能体的跟踪误差曲线

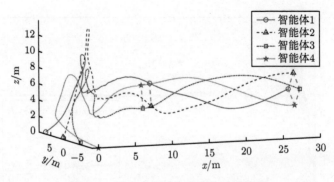

图 8.9　无人集群系统的空间运动轨迹

参 考 文 献

[1] McCreery H F, Breed M D. Cooperative transport in ants: a review of proximate mechanisms[J]. Insectes Sociaux, 2014, 61: 99-110.

[2] Feinerman O, Pinkoviezky I, Gelblum A, et al. The physics of cooperative transport in groups of ants[J]. Nature Physics, 2018, 14(7): 683-693.

[3] Ballerini M, Cabibbo N, Candelier R, et al. Empirical investigation of starling flocks: a benchmark study in collective animal behaviour[J]. Animal Behaviour, 2008, 76(1): 201-215.

[4] Camacho C. Variations in flocking behaviour from core to peripheral regions of a bird species' distribution range[J]. Acta Ethologica, 2012, 15: 153-158.

[5] Rodriguez-Pinto I I, Rieucau G, Handegard N O, et al. Environmental context elicits behavioural modification of collective state in schooling fish[J]. Animal Behaviour, 2020, 165: 107-116.

[6] Tunstrom K, Katz Y, Ioannou C C, et al. Collective states, multistability and transitional behavior in schooling fish[J]. PLOS Computational Biology, 2013, 9(2): e1002915.

[7] Bumann D, Krause J, Rubenstein D. Mortality risk of spatial positions in animal groups: the danger of being in the front[J]. Behaviour, 1997, 134(13-14): 1063-1076.

[8] Cutts C, Speakman J. Energy savings in formation flight of pink-footed geese[J]. Journal of Experimental Biology, 1994, 189(1): 251-261.

[9] Thrun M C, Ultsch A. Swarm intelligence for self-organized clustering[J]. Artificial Intelligence, 2021, 290: 103237.

[10] Karaboga D, Akay B. A survey: Algorithms simulating bee swarm intelligence[J]. Artificial Intelligence Review, 2009, 31: 61-85.

[11] Bai H, Wen J T. Cooperative load transport: a formation-control perspective[J]. IEEE Transactions on Robotics, 2010, 26(4): 742-750.

[12] Zou B, Peng X. A bilateral cooperative strategy for swarm escort under the attack of aggressive swarms[J]. Electronics, 2022, 11(22): 3643.

[13] Wu J, Yu Y, Ma J, et al. Autonomous cooperative flocking for heterogeneous unmanned aerial vehicle group[J]. IEEE Transactions on Vehicular Technology, 2021, 70(12): 12477-12490.

[14] Nigam N, Bieniawski S, Kroo I, et al. Control of multiple UAVs for persistent surveillance: Algorithm and flight test results[J]. IEEE Transactions on Control Systems Technology, 2011, 20(5): 1236-1251.

[15] Venayagamoorthy G K. Unmanned vehicle navigation using swarm intelligence[C]. International Conference on Intelligent Sensing and Information Processing, 2004. IEEE, 2004: 249-253.

[16] Sand S, Zhang S, Mühlegg M, et al. Swarm exploration and navigation on mars[C]. 2013 International Conference on Localization and GNSS (ICL-GNSS). IEEE, 2013: 1-6.

[17] Zheng R, Liu Y, Sun D. Enclosing a target by nonholonomic mobile robots with bearing-only measurements[J]. Automatica, 2015, 53: 400-407.

[18] Zhang S, Lei X, Peng X, et al. Heterogeneous targets trapping with swarm robots by using adaptive density-based interaction[J]. IEEE Transactions on Robotics, 2024.

[19] Arnold C, Brown J. Performance evaluation for tracking a malicious UAV using an autonomous UAV swarm[C]. 2020 11th IEEE Annual Ubiquitous Computing, Electronics & Mobile Communication Conference (UEMCON). IEEE, 2020: 707-712.

[20] Liu Y, Bucknall R. A survey of formation control and motion planning of multiple unmanned vehicles[J]. Robotica, 2018, 36(7): 1019-1047.

[21] Kamel M A, Yu X, Zhang Y. Formation control and coordination of multiple unmanned ground vehicles in normal and faulty situations: a review[J]. Annual Reviews in Control, 2020, 49: 128-144.

[22] 王祥科, 李迅, 郑志强. 多智能体系统编队控制相关问题研究综述 [J]. 控制与决策, 2013, 28(11): 1601-1613.

[23] Antonelli G, Arrichiello F, Chiaverini S. Experiments of formation control with multi-robot systems using the null-space-based behavioral control[J]. IEEE Transactions on Control Systems Technology, 2009, 17(5): 1173-1182.

[24] Reynolds C W. Flocks, herds and schools: a distributed behavioral model[C]. Proceedings of the 14th Annual Conference on Computer Graphics and Interactive Techniques. New York, NY, USA: Association for Computing Machinery, 1987: 25-34.

[25] Balch T, Arkin R C. Behavior-based formation control for multirobot teams[J]. IEEE Transactions on Robotics and Automation, 1998, 14(6): 926-939.

[26] Lawton J R, Beard R W, Young B J. A decentralized approach to formation maneuvers[J]. IEEE Transactions on Robotics and Automation, 2003, 19(6): 933-941.

[27] Arnold R D, Yamaguchi H, Tanaka T. Search and rescue with autonomous flying robots through behavior-based cooperative intelligence[J]. Journal of International Humanitarian Action, 2018, 3(1): 1-18.

[28] Xu D, Zhang X, Zhu Z, et al. Behavior-based formation control of swarm robots[J]. Mathematical Problems in Engineering, 2014, 2014: 13.

[29] 常路, 单梁, 戴跃伟, 等. 未知环境下基于改进 DWA 的多机器人编队控制 [J]. 控制与决策, 2022, 37(10): 2524-2534.

[30] Suo W, Wang M, Zhang D, et al. Formation control technology of fixed-wing UAV swarm based on distributed ad hoc network[J]. Applied Sciences, 2022, 12(2): 535.

[31] Wang C, Wang D, Gu M, et al. Bioinspired environment exploration algorithm in swarm based on lévy flight and improved artificial potential field[J]. Drones, 2022, 6(5): 122.

[32] Cui R, Ge S S, How B V E, et al. Leader-follower formation control of underactuated autonomous underwater vehicles[J]. Ocean Engineering, 2010, 37(17-18): 1491-1502.

[33] Tanner H G, Pappas G J, Kumar V. Leader-to-formation stability[J]. IEEE Transactions on Robotics and Automation, 2004, 20(3): 443-455.

[34] Gao W, Jiang Z P, Lewis F L, et al. Leader-to-formation stability of multiagent systems: An adaptive optimal control approach[J]. IEEE Transactions on Automatic Control, 2018, 63(10): 3581-3587.

[35] Cowan N, Shakerina O, Vidal R, et al. Vision-based follow-the-leader[C]. Proceedings 2003 IEEE/RSJ International Conference on Intelligent Robots and Systems (IROS 2003). IEEE, 2003, 2: 1796-1801.

[36] Liang X, Liu Y H, Wang H, et al. Leader-following formation tracking control of mobile robots without direct position measurements[J]. IEEE Transactions on Automatic Control, 2016, 61(12): 4131-4137.

[37] Desai J P, Ostrowski J P, Kumar V. Modeling and control of formations of nonholonomic mobile robots[J]. IEEE Transactions on Robotics and Automation, 2001, 17(6): 905-908.

[38] Chen J, Sun D, Yang J, et al. Leader-follower formation control of multiple non-holonomic mobile robots incorporating a receding-horizon scheme[J]. The International Journal of Robotics Research, 2010, 29(6): 727-747.

[39] Sisto M, Gu D. A fuzzy leader-follower approach to formation control of multiple mobile robots[C]. 2006 IEEE/RSJ International Conference on Intelligent Robots and Systems. IEEE, 2006: 2515-2520.

[40] Wu T, Xue K, Wang P. Leader-follower formation control of USVs using APF-based adaptive fuzzy logic nonsingular terminal sliding mode control method[J]. Journal of Mechanical Science and Technology, 2022, 36(4): 2007-2018.

[41] Ali Z A, Israr A, Alkhammash E H, et al. A leader-follower formation control of multi-UAVs via an adaptive hybrid controller[J]. Complexity, 2021, 2021: 1-16.

[42] Wang J, Wu X B, Xu Z L. Decentralized formation control and obstacles avoidance based on potential field method[C]. 2006 International Conference on Machine Learning and Cybernetics. IEEE, 2006: 803-808.

[43] Khatib O. Real-time obstacle avoidance for manipulators and mobile robots[J]. The International Journal of Robotics Research, 1986, 5(1): 90-98.

[44] Ge S S, Cui Y J. New potential functions for mobile robot path planning[J]. IEEE Transactions on robotics and automation, 2000, 16(5): 615-620.

[45] Ge S S, Cui Y J. Dynamic motion planning for mobile robots using potential field method[J]. Autonomous Robots, 2002, 13: 207-222.

[46] Tong X, Yu S, Liu G, et al. A hybrid formation path planning based on A* and multi-target improved artificial potential field algorithm in the 2D random environments[J]. Advanced Engineering Informatics, 2022, 54: 101755.

[47] Pan Z, Zhang C, Xia Y, et al. An improved artificial potential field method for path planning and formation control of the multi-UAV systems[J]. IEEE Transactions on Circuits and Systems II: Express Briefs, 2021, 69(3): 1129-1133.

[48] Dong X, Yu B, Shi Z, et al. Time-varying formation control for unmanned aerial vehicles: Theories and applications[J]. IEEE Transactions on Control Systems Technology, 2014, 23(1): 340-348.

[49] Dong X, Hu G. Time-varying formation control for general linear multi-agent systems with switching directed topologies[J]. Automatica, 2016, 73: 47-55.

[50] Dong X, Hu G. Time-varying formation tracking for linear multiagent systems with multiple leaders[J]. IEEE Transactions on Automatic Control, 2017, 62(7): 3658-3664.

[51] Ren W, Beard R W, Atkins E M. Information consensus in multivehicle cooperative control[J]. IEEE Control Systems Magazine, 2007, 27(2): 71-82.

[52] Ren W, Beard R W. Consensus seeking in multiagent systems under dynamically changing interaction topologies[J]. IEEE Transactions on Automatic Control, 2005, 50(5): 655-661.

[53] Olfati-Saber R, Murray R M. Consensus problems in networks of agents with switching topology and time-delays[J]. IEEE Transactions on Automatic Control, 2004, 49(9): 1520-1533.

[54] Olfati-Saber R, Fax J A, Murray R M. Consensus and cooperation in networked multi-agent systems[J]. Proceedings of the IEEE, 2007, 95(1): 215-233.

[55] Kitano H. Computational systems biology[J]. Nature, 2002, 420(6912): 206-210.

[56] Mamei M, Menezes R, Tolksdorf R, et al. Case studies for self-organization in computer science[J]. Journal of Systems Architecture, 2006, 52(8-9): 443-460.

[57] 刘金存, 任崟杰, 徐战, 等. 从自然灵感角度出发的群体智能集群机器人系统研究综述 [J]. 信息与控制, 2024, 53(2): 154-181.

[58] Oh H, Shirazi A R, Sun C, et al. Bio-inspired self-organising multi-robot pattern formation: A review[J]. Robotics and Autonomous Systems, 2017, 91: 83-100.

[59] Yang Q, Xiao F, Lyu J, et al. Self-organized polygon formation control based on distributed estimation[J]. IEEE Transactions on Industrial Electronics, 2023, 71(2): 1958-1967.

[60] Liu Y, Lin H, Chen J, et al. Wedge formation of multiagent system by a dynamic leader-follower approach[C]. 2021 36th Youth Academic Annual Conference of Chinese Association of Automation (YAC). IEEE, 2021: 740-745.

[61] Liu Y, He Y, Zhen Y, et al. A self-organized line marching formation control algorithm[C]. 2021 40th Chinese Control Conference (CCC). IEEE, 2021: 5407-5412.

[62] Kim D H, Wang H, Shin S. Decentralized control of autonomous swarm systems using artificial potential functions: Analytical design guidelines[J]. Journal of Intelligent and Robotic Systems, 2006, 45: 369-394.

[63] Huang S, Cui W, Cao J, et al. Self-organizing formation control of multiple unmanned aerial vehicles[C]. IECON 2019-45th Annual Conference of the IEEE Industrial Electronics Society. IEEE, 2019, 1: 5287-5291.

[64] Jiang S, Cao J, Wang J, et al. Uniform circle formation by asynchronous robots: A fully-distributed approach[C]. 2017 26th International Conference on Computer Communication and Networks (ICCCN). IEEE, 2017: 1-9.

[65] Ye M, Anderson B D O, Yu C. Bearing-only measurement self-localization, velocity consensus and formation control[J]. IEEE Transactions on Aerospace and Electronic Systems, 2017, 53(2): 575-586.

[66] Ji H, Yuan Q, Li X. Label-free formation control of multi-agent systems with bearing-based self-organizing map neural network[J]. IFAC-PapersOnLine, 2023, 56(2): 3453-3458.

[67] Li X, Zhu D. An adaptive SOM neural network method for distributed formation control of a group of AUVs[J]. IEEE Transactions on Industrial Electronics, 2018, 65(10): 8260-8270.

[68] Das A K, Fierro R, Kumar V, et al. A vision-based formation control framework[J]. IEEE Transactions on Robotics and Automation, 2002, 18(5): 813-825.

[69] Shi Z, Tu J, Zhang Q, et al. A survey of swarm robotics system[C]. Advances in Swarm Intelligence: Third International Conference, ICSI 2012, Shenzhen, China, June 17-20, 2012 Proceedings, Part I 3. Springer Berlin Heidelberg, 2012: 564-572.

[70] De La Cruz C, Carelli R. Dynamic modeling and centralized formation control of mobile robots[C]. IECON 2006-32nd Annual Conference on IEEE Industrial Electronics. IEEE, 2006: 3880-3885.

[71] Yang A, Naeem W, Irwin G W, et al. Stability analysis and implementation of a decentralized formation control strategy for unmanned vehicles[J]. IEEE Transactions on Control Systems Technology, 2013, 22(2): 706-720.

[72] Liu Y, Liu J, He Z, et al. A survey of multi-agent systems on distributed formation control[J]. Unmanned Systems, 2024, 12(05): 913-926.

[73] Liu H, Ma T, Lewis F L, et al. Robust formation control for multiple quadrotors with nonlinearities and disturbances[J]. IEEE Transactions on Cybernetics, 2018, 50(4): 1362-1371.

[74] Chen J, Shi Z, Zhong Y. Robust formation control for uncertain multi-agent systems[J]. Journal of the Franklin Institute, 2019, 356(15): 8237-8254.

[75] Yan B, Shi P, Lim C C, et al. Optimal robust formation control for heterogeneous multi-agent systems based on reinforcement learning[J]. International Journal of Robust and Nonlinear Control, 2022, 32(5): 2683-2704.

[76] Mei F, Wang H, Yao Y, et al. Robust second-order finite-time formation control of heterogeneous multi-agent systems on directed communication graphs[J]. IET Control Theory & Applications, 2020, 14(6): 816-823.

[77] Huang J. Nonlinear Output Regulation: Theory and Applications[M]. USA: SIAM, 2004.

[78] Su Y, Huang J. Cooperative output regulation of linear multi-agent systems[J]. IEEE Transactions on Automatic Control, 2011, 57(4): 1062-1066.

[79] Cai H, Su Y, Huang J. Cooperative Control of Multi-agent Systems: Distributed-observer and Distributed-internal-model Approaches[M]. Switzerland: Springer Nature, 2022.

[80] Wang X. Distributed formation output regulation of switching heterogeneous multi-agent systems[J]. International Journal of Systems Science, 2013, 44(11): 2004-2014.

[81] Hua Y, Dong X, Hu G, et al. Distributed time-varying output formation tracking for heterogeneous linear multiagent systems with a nonautonomous leader of unknown input[J]. IEEE Transactions on Automatic Control, 2019, 64(10): 4292-4299.

[82] Hua Y, Dong X, Li Q, et al. Distributed adaptive formation tracking for heterogeneous multiagent systems with multiple nonidentical leaders and without well-informed follower[J]. International Journal of Robust and Nonlinear Control, 2020, 30(6): 2131-2151.

[83] Song W, Feng J, Zhang H, et al. Dynamic event-triggered formation control for heterogeneous multi-agent systems with nonautonomous leader agent[J]. IEEE Transactions on Neural Networks and Learning Systems, 2023, 34(12): 9685-9699.

[84] Li W, Chen Z, Liu Z. Formation control for nonlinear multi-agent systems by robust output regulation[J]. Neurocomputing, 2014, 140: 114-120.

[85] Huang X, Dong J. Reliable leader-to-follower formation control of multiagent systems under communication quantization and attacks[J]. IEEE Transactions on Systems, Man, and Cybernetics: Systems, 2019, 50(1): 89-99.

[86] Li W, Zhang H, Ming Z, et al. Fully distributed event-triggered bipartite formation tracking control for heterogeneous multi-agent systems on signed digraph[J]. IEEE Transactions on Circuits and Systems II: Express Briefs, 2021, 69(4): 2181-2185.

[87] Zhang H, Li W, Zhang J, et al. Fully distributed dynamic event-triggered bipartite formation tracking for multiagent systems with multiple nonautonomous leaders[J].

IEEE Transactions on Neural Networks and Learning Systems, 2023, 34(10): 7453-7466.

[88] Jiang D, Wen G, Peng Z, et al. Fully distributed dual-terminal event-triggered bipartite output containment control of heterogeneous systems under actuator faults[J]. IEEE Transactions on Systems, Man, and Cybernetics: Systems, 2021, 52(9): 5518-5531.

[89] Jiang D, Wen G, Peng Z, et al. Fully distributed pull-based event-triggered bipartite fixed-time output control of heterogeneous systems with an active leader[J]. IEEE Transactions on Cybernetics, 2023, 53(5): 3089-3100.

[90] Bondy J A, Murty U S R. Graph Theory with Applications[M]. London: Macmillan, 1976.

[91] Zhang P, Chartrand G. Introduction to graph theory[J]. Tata McGraw-Hill, 2006, 2: 2.1.

[92] Su Y, Hong Y, Huang J. A result on the cooperative robust output regulation for linear uncertain multiagent systems[C]. 2011 9th IEEE International Conference on Control and Automation (ICCA). IEEE, 2011: 639-643.

[93] Ren W, Beard R W. Distributed Consensusin Multi-vehicle Cooperative Control[M]. Vol. 27. London, UK: Springer, 2008.

[94] Cai H, Huang J. Output based adaptive distributed output observer for leader-follower multiagent systems[J]. Automatica, 2021, 125: 109413.

[95] Cai H, Lewis F L, Hu G, et al. The adaptive distributed observer approach to the cooperative output regulation of linear multi-agent systems[J]. Automatica, 2017, 75: 299-305.

[96] Li X, Xu S, Gao H, et al. Distributed tracking of leader-follower multiagent systems subject to disturbed leader's information[J]. IEEE Access, 2020, 8: 227970-227981.

彩　　图

(a) $t=0$

(b) $t=3\mathrm{s}$

(c) $t=7\mathrm{s}$

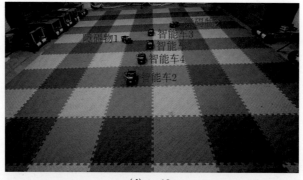

(d) $t=13\text{s}$

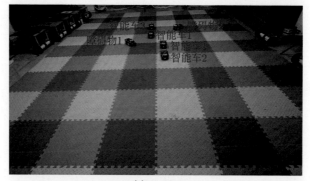

(e) $t=20\text{s}$

(f) $t=34\text{s}$

图 2.6　智能车的运动轨迹

(a) $t=0$

(b) $t=3s$

(c) $t=7s$

(d) $t=14$s

(e) $t=21$s

(f) $t=25$s

图 3.6　故障情况下无人机的运动轨迹

(a) $t=0$

(b) $t=6\mathrm{s}$

(c) $t=10\mathrm{s}$

(d) t=13s

(e) t=21s

(f) t=37s

图 3.7 有障碍物情况下无人机的运动轨迹

(a) $t=0$

(b) $t=2\text{s}$

(c) $t=8\text{s}$

(d) $t=18\text{s}$

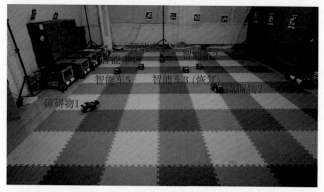

(e) $t=22\text{s}$

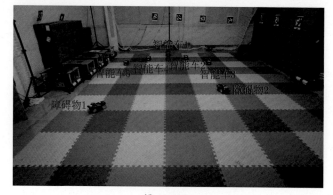

(f) $t=32\text{s}$

图 4.8 智能车的运动轨迹

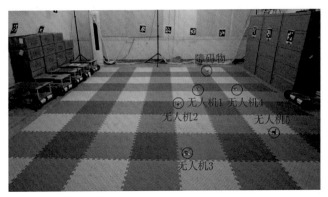

(a) $t=0$

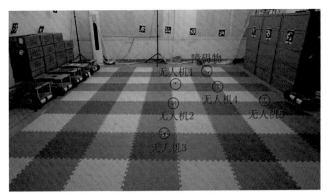

(b) $t=5\mathrm{s}$

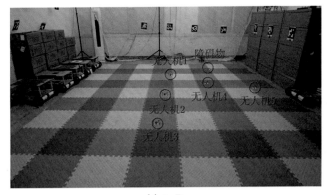

(c) $t=7\mathrm{s}$

(d) $t = 13\text{s}$

(e) $t = 15\text{s}$

(f) $t = 20\text{s}$

(g) $t=22$s

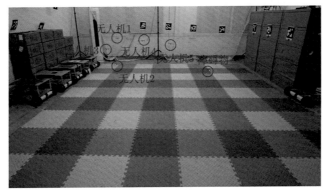

(h) $t=27$s

(i) $t=31$s

图 5.8 无人机的运动轨迹